新工科建设·航空航天系列教材

空间系绳系统动力学与运动控制教程

王长青　李爱军　陆宏湜　编著

電子工業出版社
Publishing House of Electronics Industry
北京·BEIJING

内 容 简 介

本书是编著者基于多年从事空间系绳系统动力学与运动控制研究和教学的经验编写的，包括空间系绳系统及相关基础知识、空间系绳系统动力学模型、空间系绳系统向垂直位置的标称展开程序计算、系绳与地垂线有偏离的空间系绳系统快速展开标称程序计算、基于空间系绳系统从轨道返回的返回舱进入大气层的条件计算、航天器升轨机动计算、空间系绳系统的空间相对平衡位置计算、小航天器分离时控制系统的过渡过程分析、空间系绳系统展开的最优控制器经典综合方法、空间系绳系统展开控制系统最优动态滤波器计算的经典方法、空间系绳系统的统计学仿真等内容。本书配有程序源代码，读者可登录华信教育资源网下载。

本书可供本科生、硕士生和博士生在从事与空间系绳系统动力学与运动控制分析相关学习和研究时参考，也可供对空间系绳系统动力学与运动控制感兴趣的专家和工程师参考。

图书在版编目（CIP）数据

空间系绳系统动力学与运动控制教程 / 王长青，李爱军，陆宏湜编著. -- 北京 : 电子工业出版社，2025. 7. -- ISBN 978-7-121-50708-3

Ⅰ. V474

中国国家版本馆 CIP 数据核字第 2025LN2536 号

责任编辑：张天运
印　　刷：涿州市京南印刷厂
装　　订：涿州市京南印刷厂
出版发行：电子工业出版社
　　　　　北京市海淀区万寿路 173 信箱　　邮编：100036
开　　本：787×1092　1/16　印张：8.75　　字数：235.2 千字
版　　次：2025 年 7 月第 1 版
印　　次：2025 年 7 月第 1 次印刷
定　　价：49.00 元

凡所购买电子工业出版社图书有缺损问题，请向购买书店调换。若书店售缺，请与本社发行部联系，联系及邮购电话：（010）88254888，88258888。

质量投诉请发邮件至 zlts@phei.com.cn，盗版侵权举报请发邮件至 dbqq@phei.com.cn。

本书咨询联系方式：（010）88254172，zhangty@phei.com.cn。

前　言

空间系绳系统又称绳系卫星系统，是由一根或多根柔性系绳将两个或多个航天器组合起来构成的，其尺寸远大于传统刚性航天器，通过释放和回收系绳改变构型可以完成传统刚性航天器不能完成、不便完成或不能经济地完成的多种太空任务。然而，空间系绳系统作为一种新型航天器结构，其动力学与运动控制分析方法与传统刚性航天器具有很大区别，对于初学者具有一定的难度。本书是编著者对多年从事空间系绳系统动力学与运动控制研究和教学经验的系统总结，可以作为从事相关学习和研究的读者的参考资料。

本书共 11 章：第 1 章为空间系绳系统及相关基础知识；第 2 章为空间系绳系统动力学模型；第 3 章为空间系绳系统向垂直位置的标称展开程序计算；第 4 章为系绳与地垂线有偏离的空间系绳系统快速展开标称程序计算；第 5 章为基于空间系绳系统从轨道返回的返回舱进入大气层的条件计算；第 6 章为航天器升轨机动计算；第 7 章为空间系绳系统的空间相对平衡位置计算；第 8 章为小航天器分离时控制系统的过渡过程分析；第 9 章为空间系绳系统展开的最优控制器经典综合方法；第 10 章为空间系绳系统展开控制系统最优动态滤波器计算的经典方法；第 11 章为空间系绳系统的统计学仿真。

西北工业大学中俄国际空间系绳系统研究中心主任王伟教授及俄罗斯萨马拉国立大学的“中国政府友谊奖”得主扎波罗特诺夫·尤里教授、伊斯科夫·谢尔盖教授、斯大林诺娃·奥利卡教授、法捷严科夫·巴维尔副教授为本书的编写提供了大力支持和帮助，在此向他们表示诚挚的谢意。本书的编写工作得到了科技部国际科技合作专项项目、国家自然科学基金、陕西省重点研发计划项目、中国博士后科学基金、重庆市自然科学基金、广东省自然科学基金、西北工业大学中央高校基本科研业务费专项等项目的支持，同时得到了飞行器综合体效能分析国家国际科技合作基地、陕西省飞行控制与仿真技术重点实验室等平台的支持，参与本书编写工作的研究生有孙佩杰、李林晓、杨航、谢明泽、张莹、孙晨阳、张弛、王亦卓、马凯、徐榕蔚、张文浩、范正晨、何蕴琛、郭瑞娜、杨泽轩、折晨阳，在此一并表示感谢。

编著者

目　录

第 1 章　空间系绳系统及相关基础知识

本章主要对空间系绳系统进行概述，并介绍相关基础知识，从而为后续章节内容的学习奠定理论基础。本章先简要介绍空间系绳系统的发展历程；然后介绍开普勒定律，以及在此基础上建立的轨道动力学相关基础知识；再介绍空间系绳系统动力学与运动控制的相关基础知识，包括惯性矩阵、动量、动量矩、转动系中的惯性力与科里奥利力、拉格朗日方程、统计学相关概念等内容；最后介绍空间系绳系统常用的数值积分方法。

1.1　空间系绳系统概述

空间系绳系统是指通过几米到几十千米长的柔性系绳将卫星与航天飞机、宇宙飞船、空间站或其他航天器连接起来构成的空间飞行系统，系绳由高强度纤维或导电材料制成。空间系绳系统示意图如图 1.1 所示。自 1895 年空间系绳系统的概念被提出以来，人们针对其太空应用开展了大量的理论和实验研究，并取得了较大的进展和突破[1]。下面将从空间系绳系统是什么、有什么用和做什么三个方面进行详细介绍。

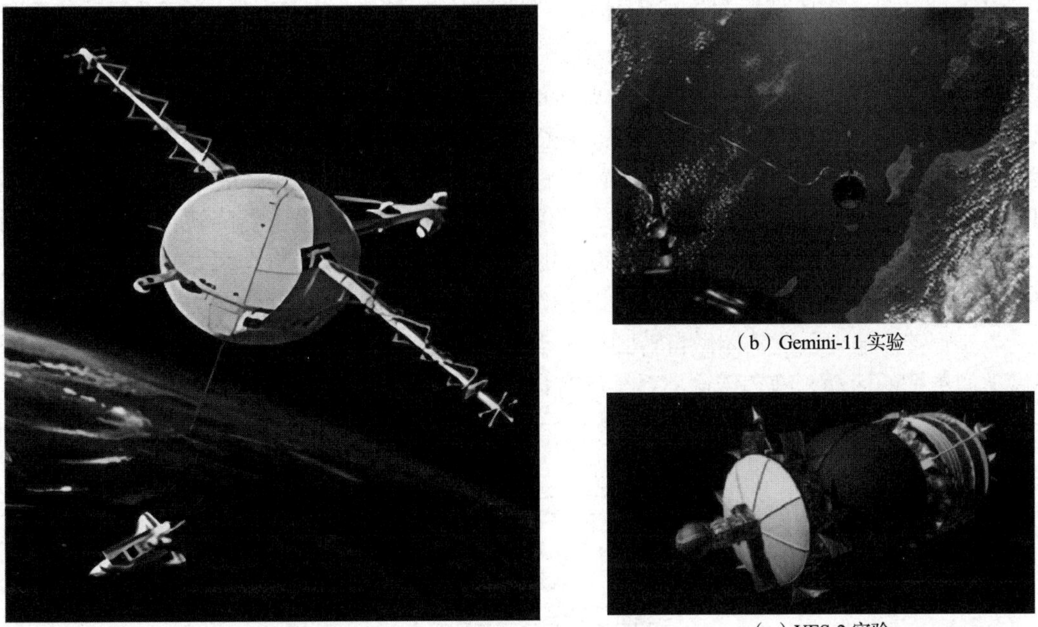

（a）TSS-1R 实验

（b）Gemini-11 实验

（c）YES-2 实验

图 1.1　空间系绳系统示意图

1.1.1 空间系绳系统是什么

空间系绳系统概念的提出可以追溯到苏联著名科幻作家齐奥尔科夫斯基于 1895 年提出的“赤道通天塔”设想——利用超长绳系平台建立从地球通往太空的通道，用于传输太空载荷[2]。1910 年，灿德尔提出了空间升降机的设计方案，该方案可以表述为将一根 6×10^4km 长的系绳从月球伸到地球，在重力和离心力的作用下，这根系绳总是张紧的，沿着这根系绳可以运送货物，就像用索道运送货物一样。20 世纪 20 年代至 30 年代，齐奥尔科夫斯基的设想体现在孔德拉秋克旋转式系绳空间站设计方案和别利亚耶夫的科幻小说中。灿德尔关于空间升降机的设计思想也在阿尔楚塔诺夫的著作中得到了体现，阿尔楚塔诺夫提出了一个从地球表面到静止轨道的空间系绳系统方案。受科学技术条件限制，该方案在被提出后的很长一段时间内只处于设想阶段。20 世纪 60 年代，C. R. Poli 和 E. P. Hanavan 研究了 Gemini 太空项目中的系绳回收问题，其论文被认为是关于空间系绳系统的第一篇期刊论文[3]。1965 年，美国进行了第一次绳系卫星实验（Gemini-11 实验），该实验验证了空间系绳系统在人造重力方面的可行性。自此，空间系绳系统进入人们的视野，该实验首次将空间系绳系统用于太空项目实践，随后针对空间系绳系统的技术、理论与应用不断出现。1996 年，美国“哥伦比亚”号航天飞机从卡纳维拉尔角发射升空，其中一项重要任务是释放一颗由意大利研制的绳系卫星并进行发电实验（TSS-1R 实验），该实验验证了导电系绳能够产生电能，拓展了空间系绳系统的应用领域[4]。

根据材料是否导电，系绳可分为导电系绳和非导电系绳。导电系绳采用多层绝缘铜线、铝 6061 等材料制成；非导电系绳采用 Kevlar、Dyneema 等非导体材料制成。系绳有单股、双股、网状、带状等结构，网状结构中最典型的为 Hoytether 结构。网状系绳的生存能力强于带状系绳，而带状系绳的导电性能优于网状系绳。多种系绳结构示意图如图 1.2 所示。根据系绳长度、系绳数量、航天器数量、航天器质量、航天器相互位置和航天器指向的不同，空间系绳系统可分为静态空间系绳系统和动态空间系绳系统。静态空间系绳系统用来完成深空、近地空间和地球表面等研究；动态空间系绳系统主要用来完成轨道机动、空间运输和航天器编队等任务[5]。根据系统工作原理的不同，空间系绳系统可分为动量交换空间系绳系统和电动力空间系绳系统。在动量交换空间系绳系统中，由系绳连接的两个航天器在不同轨道高度上，系绳因两个航天器速度不同而张紧，该系统通过动量转移来实现一个航天器升轨、另一个航天器降轨；在电动力空间系绳系统中，在行星磁场、电流或被动感应电流的作用下，导电系绳产生作用力使目标航天器变轨或保持原轨道。动量交换空间系绳系统可以分为旋转传输类系统、摆动传输类系统、静态传输类系统三类。旋转传输类系统整体做自转圆周运动；摆动传输类系统具有较小的自转角速度，绳系卫星做类似单摆的运动；静态传输类系统没有自转角速度，绳系卫星稳定在平衡位置。

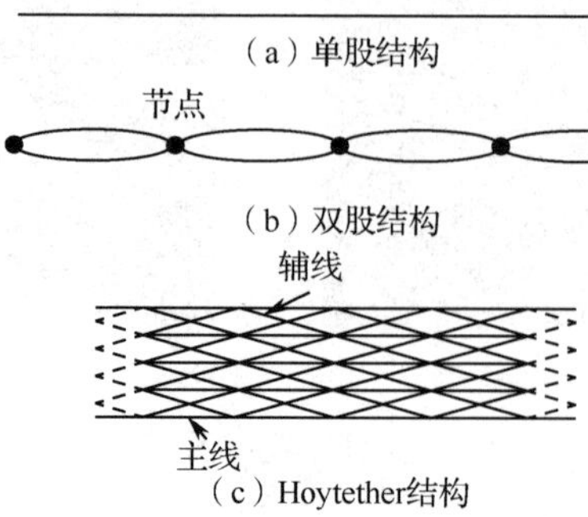

图 1.2 多种系绳结构示意图

1.1.2　空间系绳系统有什么用

系绳长度通常可达数千米甚至上百千米，而且具有自身质量小、制造难度低的优点，能够以较低的成本构建大型空间组合体，因此空间系绳系统相较于传统空间系统具有很大优势。空间系绳系统作为一种新型航天器结构，可以完成传统刚性航天器不能完成、不便完成或不能经济地完成的多种空间任务，得到了广泛而持续的关注。学者们一致认为，空间系绳系统在构建人工重力系统、实现轨道转移和载荷投送、形成节省燃料的空间系绳编队系统、捕获空间碎片，以及卫星姿态稳定、气动辅助机动、太空探测等领域具有广阔的应用前景。

人工重力系统［见图 1.3（a）］先使旋转空间系绳系统进行柔性系绳展开运动，以将柔性系绳展开至几百米，甚至几千米；然后通过主动控制器加快旋转空间系绳系统的转速，进而利用旋转离心力使两端的航天器产生人造重力环境。动量交换空间系绳系统［见图 1.3（b）］是指在地球同步轨道上用系绳连接两个载荷，从近地空间环境中提取动力，系统通过绕质心旋转传递动量及能量，最终实现轨道转移和载荷投送。空间系绳编队系统是由系绳将数个航天器连接而成的编队系统，编队成员内部的通信信息可以共享，同时编队系统因航天器的个数差异有多种构型重组方式，不仅可以节省燃料，而且可以应用于合成孔径雷达卫星编队、分布式气象卫星立体成像、高分辨率合成孔径光学干涉、电子监控等众多领域。空间碎片捕获系统［见图 1.3（c）］是指搭载绳网或机械臂的空间系绳系统，该系统主要利用绳爪、绳网、绳矛等，通过逼近抓捕、大包络覆盖、直接击穿等方式与目标形成稳定连接，实现目标的在轨捕获。捕获目标后，空间系绳系统拖动目标离开现有轨道，或者利用导电系绳切割地磁场产生电流，从而产生洛伦兹力来实现快速离轨。

（a）人工重力系统

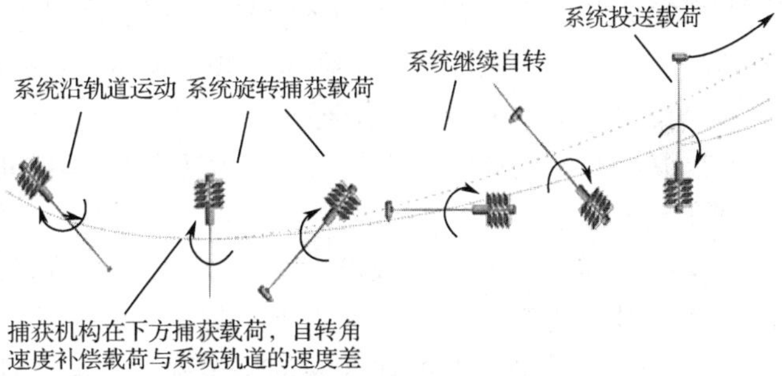

（b）动量交换空间系绳系统

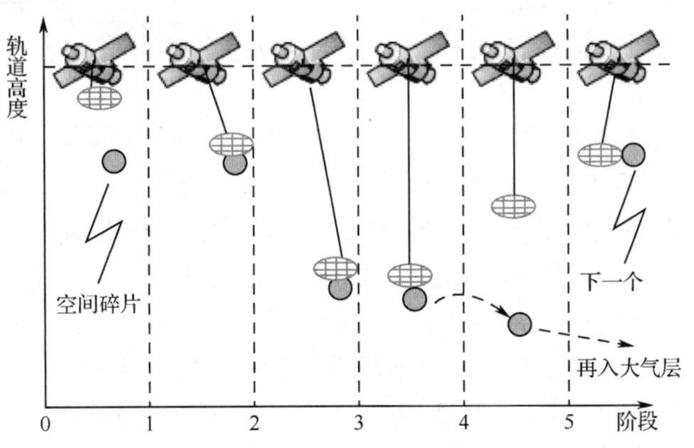

（c）空间碎片捕获系统

图 1.3　空间系绳系统的应用前景示意图

1.1.3 空间系绳系统做什么

早期与空间系绳系统相关的文献主要来自美国和加拿大的科研机构。不列颠哥伦比亚大学的 V. J. Modi 和麦吉尔大学的 A. K. Misra 是国外高校中最早开始研究空间系绳系统的学者，他们在空间系绳系统动力学与运动控制领域取得了开创性的成果[6]。美国的空间系绳系统研究机构的分布比较广泛，国家航天中心、航天商业公司和一些美国大学（如斯坦福大学、马里兰大学、奥本大学等）均在进行相关理论研究，并开展了众多系绳太空实验计划[7]。20 世纪 80 年代后期，日本及欧洲各国也开始了对空间系绳技术的研究[8]。1997 年，欧洲多国参与了欧洲航天局（European Space Agency，ESA）主导的 YES-1 实验，这促使包括英国的格拉斯哥大学、西班牙的马德里理工大学、荷兰的代尔夫特理工大学在内的多家欧洲科研单位首次开展了空间系绳系统领域的研究[9-10]。进入 21 世纪以后，随着空间系绳系统理论研究的逐步完善，国外相关的太空发射任务越来越多，其中比较有代表性的发射实验包括 ESA 与俄罗斯联合实施的 YES-2 实验及美国国家航空航天局（National Aeronautics and Space Administration，NASA）与日本宇宙航空研究开发机构（Japan Aerospace Exploration Agency，JAXA）联合开展的 T-Rex 实验。

我国在空间系绳系统方面的研究起步较晚。20 世纪 90 年代初，朱仁璋对空间系绳系统建模和展开控制理论进行了研究[11-12]。随后，崔乃刚等对空间系绳系统展开进行了研究[13]，于绍华和刘强对空间系绳系统动力学进行了研究[14]。该阶段，我国对空间系绳系统进行研究的人很少。进入 21 世纪以后，研究空间系绳系统理论和技术的机构与单位主要集中在国防科技大学、西北工业大学、哈尔滨工业大学、大连理工大学、北京航空航天大学及南京航空航天大学。虽然我国在该领域的研究起步较晚，但是众多科研机构围绕空间系绳系统的研究发展迅速，相关研究已经成为当前航天领域的研究热点。随着我国载人航天工程的顺利实施和逐步成熟，我国有望通过在轨试验验证空间系绳系统相关技术，如系绳的复杂运动构型及其稳定性、释放机构的可靠性、绳系卫星信息测量等。

空间系绳系统的动力学模型目前可分为简单模型和离散模型两类[15]。

简单模型如下。

（1）哑铃模型：将系绳假设为一个刚性的、不可拉伸的质量体，建模难度低，便于直观理解系绳项目的概念。

（2）弹性杆模型：考虑弹性而忽略柔性，将系绳视为一个不会弯曲的质量体，便于分析系统运动特性并降低控制器设计难度。

（3）桌球模型：将系绳视为无质量的柔性弹簧，更接近实际模型。

离散模型如下。

（1）链杆模型：将系绳离散为一系列由铰链连接的、有质量的刚性杆。

（2）珠点模型：利用有限元法或集中质量法，将系绳离散为一系列由无质量弹簧连接的质点，在充分考虑系绳的弹性和柔性的同时增大了建模难度与计算量。

建立空间系绳系统的非线性动力学模型的方法也分为两种：一种方法是利用牛顿第二定律建模，其物理意义明确、直观；另一种方法是利用第二类拉格朗日方程建模，其可利用边界条件代替对绳系卫星内力的讨论。现有空间系绳系统的控制研究主要包括对双体空间系绳系统的展开释放与回收的控制、对多体空间系绳系统和旋转空间系绳系统的轨道机动与起旋的控制、对空间系绳系统轨道与姿态的稳定保持的控制等。

针对传统卫星编队燃料消耗过多的问题，绳系卫星编队的概念被提出[16]。绳系卫星编队是通过系绳将卫星连接在一起形成的一种新型编队方式。利用绳系卫星编队进行对地观测的优点是，通过系绳张力保持编队构型可以减少燃料消耗。根据太空任务的不同，绳系卫星编队的构型也不同，主要有直链式编队、开环或闭环轴-辐射型编队、三角形编队等[17-18]。直链式编队可用于干涉测量、大气分层探测、空间运输等领域[19]，开环或闭环轴-辐射型编队可用于深空探测等领域[20]。空间系绳系统在轨运行时会受到太空光压、J_2摄动、大气阻力等干扰，因此复杂的太空环境对空间系绳系统的稳定性及控制实现提出了要求。最常用的控制方式包括绳长控制[21]、速率控制[22]、张力控制[23-24]、推力辅助控制[25]、电流（电动力）辅助控制[26-27]等。

由于太空任务复杂、成本高昂，因此在执行太空任务前需要对任务进行充分的研究与实验。目前国内外已有多种空间系绳系统的地面研究方案[28-29]。目前用于进行空间系绳系统地面实验研究的方法主要有气浮平台法[30-33]、机构测试法[34-35]和微重力环境法[36-37]。气浮平台法［见图 1.4（a）］的工作原理是，绳系卫星模拟器通过气浮轴承不计摩擦地在平台上运动，光学测量系统测量绳系卫星模拟器的运动状态并发送给控制计算机系统，控制计算机系统产生实时控制信息并通过无线通信传输给绳系卫星模拟器上的机载微处理器，从而进行相应的运动控制。通过气浮平台法可以对空间系绳系统控制器的性能和地面实验系统的有效性进行验证。机构测试法［见图 1.4（b）］根据系绳张力（由摆锤提供）的变化情况，采取控制系绳水平位移使系绳只在竖直方向上移动的结构，通过选取合适的映射关系，并分析系绳在实验中的张力，可以研究太空任务中的系绳张力。目前，在地面环境下可以依靠微重力塔[36]和失重飞机[37]来营造研究系绳机构的微重力环境。微重力塔分为供下落舱进行自由落体运动的加速段和供下落舱进行减速运动的减速段，可营造数秒时长约 0.00001g 的微重力环境。相较于微重力塔，失重飞机以先爬升再迅速向下俯冲的飞行过程，可营造几十秒时长 0.001g～0.01g 的微重力环境，如图 1.4（c）所示。

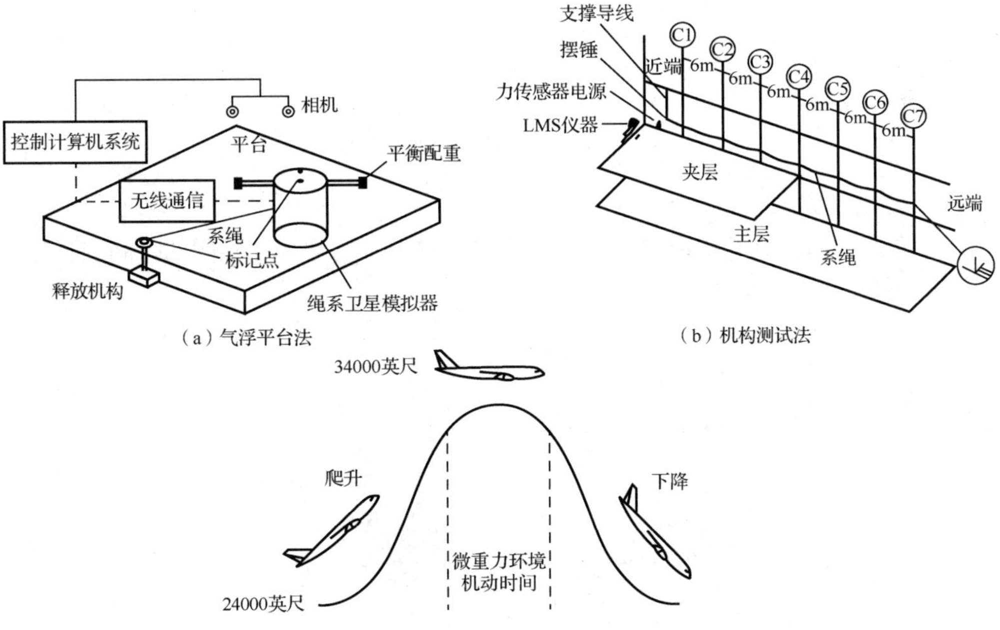

（a）气浮平台法　　（b）机构测试法

（c）微重力环境法①

图 1.4　空间系绳系统的地面实验研究方法

① 1 英尺=0.3048 米。

1.2 相关基础知识介绍

1.2.1 开普勒轨道介绍

本节主要介绍航天器在轨工作的轨道六要素、轨道分类及轨道摄动等基础知识[38]，这对后续数学建模与任务设计阶段有重要意义。

1. 开普勒定律

假设地球是质量均匀分布的理想球体，且忽略太阳、月球及其他行星对卫星的引力作用，则卫星仅在地球引力作用下绕地球运动，这便构成了力学中的“二体问题”，其符合开普勒定律。

1）开普勒第一定律

开普勒第一定律也称椭圆定律，即航天器绕地球运动的轨道为一个椭圆，地球位于该椭圆的一个焦点上，其示意图如图 1.5 所示。

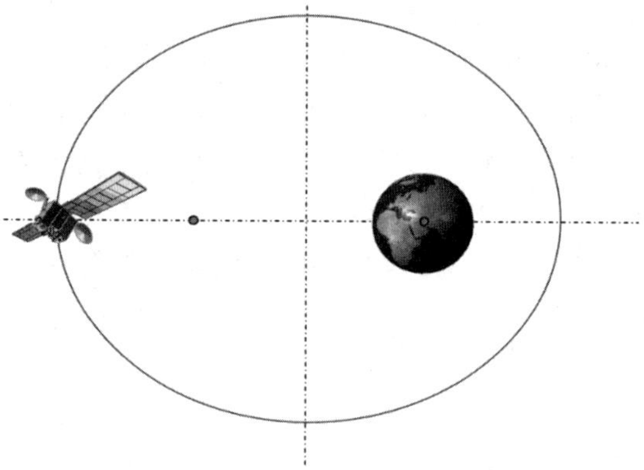

图 1.5　开普勒第一定律示意图

2）开普勒第二定律

开普勒第二定律也称面积定律，即航天器与地球中心的连线在相同的时间内扫过的面积相等，其示意图如图 1.6 所示。

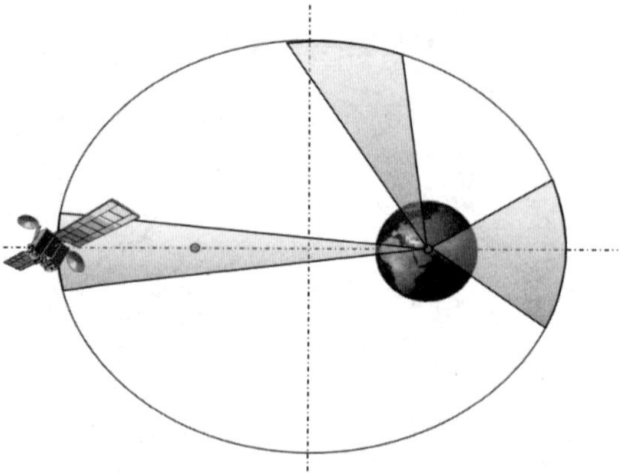

图 1.6　开普勒第二定律示意图

3）开普勒第三定律

开普勒第三定律也称行星运动定律，即轨道半长轴的三次方和轨道周期的平方成正比，其示意图如图 1.7 所示。

$$\frac{a^3}{T^2}=k \tag{1.1}$$

式中，a 为轨道半长轴；T 为轨道周期；k 为开普勒常数，与轨道无关。

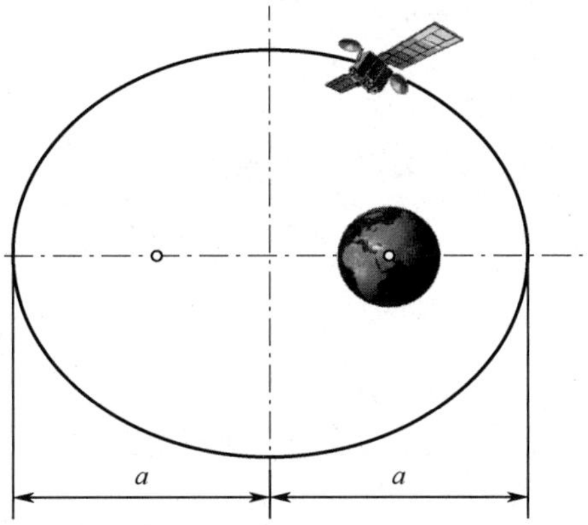

图 1.7 开普勒第三定律示意图

2. 轨道六要素

航天器围绕地球的运动可以通过 3 个二阶微分方程来描述，这些微分方程的积分能够产生 6 个积分常量，这 6 个积分常量就是轨道六要素，又称轨道六根数[38]。通过轨道六要素能够确定轨道平面在空间中的取向、轨道在轨道平面上的取向、轨道形状及航天器在轨道上的位置的关键参数，具体如下。

（1）轨道半长轴 a：代表轨道大小。

（2）轨道偏心率 e：代表轨道形状。

（3）真近点角 f：将航天器的位置与轨道相关联，是均匀变化的角度。

（4）轨道倾角 i：一般为轨道平面与地球赤道平面的夹角。当 $0°<i<90°$ 时，称为顺行轨道；当 $90°<i<180°$ 时，称为逆行轨道；当 $i=90°$ 时，称为极轨道；当 $i=0°$ 或 $i=180°$ 时，称为地球同步轨道。

（5）升交点赤经 Ω_u：春分点与升交点之间的角距，$0°\leqslant\Omega_u<360°$。航天器由南向北经过赤道平面的交点称为升交点。

（6）近地点幅角 ω：升交点与近地点对地心的夹角，$0°\leqslant\omega<360°$。

轨道六要素示意图如图 1.8 所示。轨道半长轴 a、轨道偏心率 e 和真近点角 f 能够表示轨道的大小和形状，并将航天器的位置与轨道相关联。轨道倾角 i、升交点赤经 Ω_u 和近地点幅角 ω 能够表示空间中的轨道取向。

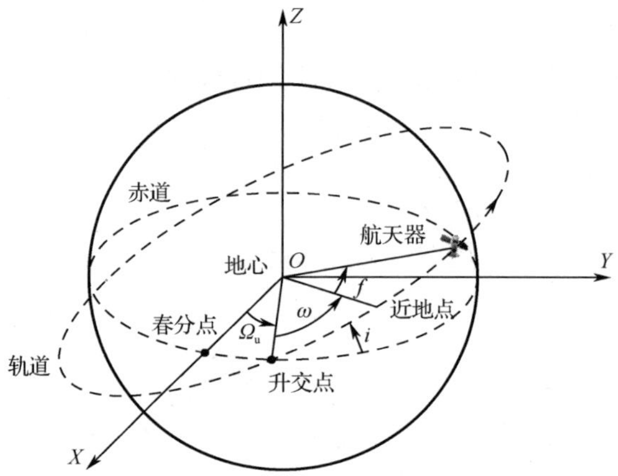

图 1.8 轨道六要素示意图

3. 轨道分类

1）圆轨道

圆轨道的偏心率 $e=0$。航天器绕圆轨道一周所需的时间，即圆周运动的周期，可表示为

$$T=2\pi\sqrt{\frac{r^3}{\mu}} \tag{1.2}$$

式中，r 为圆轨道的半径；$\mu=3.986\times10^{14}\,\mathrm{m^3/s^2}$，为地心引力常数。

2）椭圆轨道

椭圆轨道的几何关系如图 1.9 所示。椭圆轨道的偏心率为 $0<e<1$。航天器在椭圆轨道上运行时，真近点角 f 与偏近点角 ϕ 满足

$$\tan\frac{f}{2}=\sqrt{\frac{1+e}{1-e}}\tan\frac{\phi}{2} \tag{1.3}$$

椭圆轨道半径和轨道周期可表示为

$$r=\frac{a(1-e^2)}{1+e\cos f},\quad T=2\pi\sqrt{\frac{a^3}{\mu}} \tag{1.4}$$

当 $f=0$ 时，可得近地点轨道半径 r_p；当 $f=\pi$ 时，可得远地点轨道半径 r_a。

$$r_\mathrm{p}=a(1-e),\quad r_\mathrm{a}=a(1+e) \tag{1.5}$$

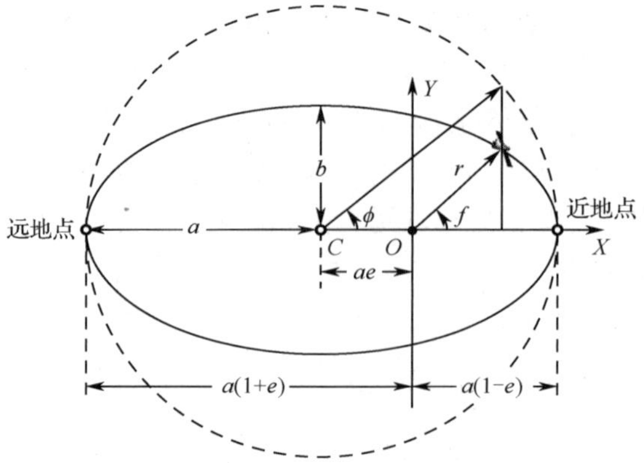

图 1.9 椭圆轨道的几何关系

3）抛物线轨道

抛物线轨道的几何关系如图 1.10 所示。抛物线轨道的偏心率$e=1$。沿抛物线轨道和双曲线轨道运行的航天器所做的都是非周期运动。抛物线轨道半径一般表示为

$$r=\frac{p}{1+\cos f} \tag{1.6}$$

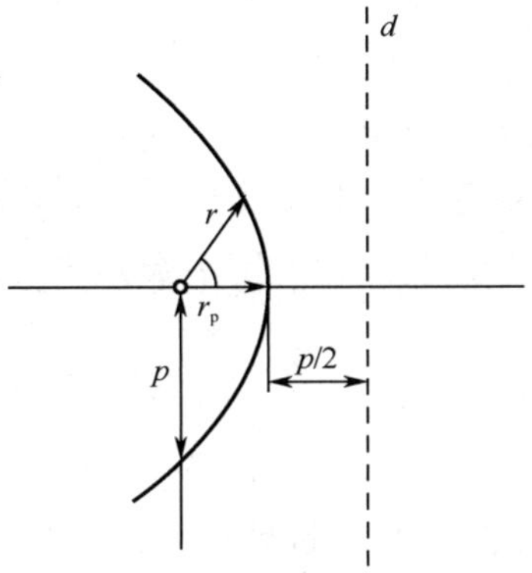

图 1.10　抛物线轨道的几何关系

4）双曲线轨道

双曲线轨道的几何关系如图 1.11 所示。双曲线轨道的偏心率$e>1$。双曲线轨道有两条，航天器只沿其中一条轨道运行。由图 1.8 可知，双曲线轨道的近地点轨道半径为

$$r_p=ea-a=a(e-1) \tag{1.7}$$

航天器沿双曲线轨道的运行速度为

$$v=\sqrt{\mu\left(\frac{2}{r}+\frac{1}{a}\right)} \tag{1.8}$$

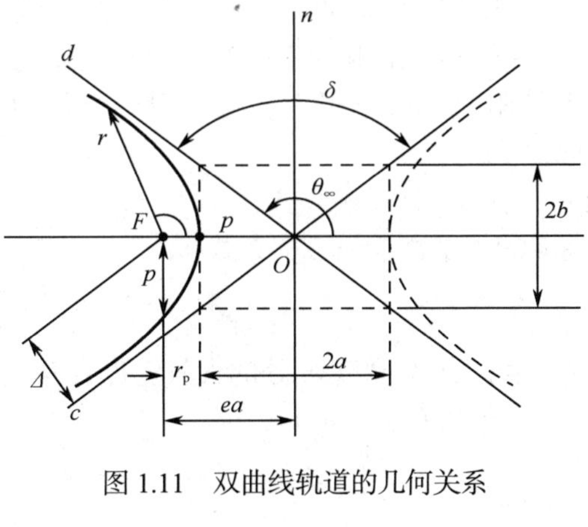

图 1.11　双曲线轨道的几何关系

4. 轨道摄动

将地球视为均匀、对称的圆球体。在地心惯性坐标系下，仅考虑地球引力的航天器运动方程可表示为

$$\ddot{\boldsymbol{r}}=-\frac{\mu}{r^3}\boldsymbol{r} \tag{1.9}$$

式中，$\boldsymbol{r}$ 为航天器的地心向径；μ 为地心引力常数，$\mu = GM$，其中 G 为万有引力常数，M 为地球质量。

空间轨道中存在多种摄动，式（1.9）的近似运动精度会随着时间的增加而降低。包含轨道摄动的航天器运动方程可表示为

$$\ddot{\boldsymbol{r}} = -\frac{\mu}{r^3}\boldsymbol{r} + \boldsymbol{a}_{\mathrm{p}} \tag{1.10}$$

式中，$\boldsymbol{a}_{\mathrm{p}}$ 为所有摄动加速度之和。

轨道摄动包括椭球形地球引力、日月引力、大气阻力、太阳光压和地球潮汐等[38]。这些摄动力可以被划分为保守力和非保守力。对于保守力，$\boldsymbol{a}_{\mathrm{p}}$ 表示为位置的显式表达式，没有能量转移，轨道半长轴保持不变；对于非保守力，$\boldsymbol{a}_{\mathrm{p}}$ 表示为位置和速度的显式表达式，有能量转移，轨道半长轴会变化。

1）椭球形地球引力

地球并非完美球形，它的形状和质量分布是很复杂的。工程中常用的参考椭球模型将地球看作以地球南北极连线为轴线旋转而成的椭球体。通过地球轴线的剖面是椭圆，该椭圆的半长轴为6378.140km，半短轴为6356.755km。对于参考椭球模型，引力对轨道半长轴、轨道偏心率和轨道倾角没有长期影响，主要影响轨道的升交点赤经和近地点幅角，从而使其产生长期漂移，对应的影响公式可表示为

$$\begin{aligned}\dot{\Omega}_{\mathrm{u}} &= \frac{-3nR_{\mathrm{e}}{}^2 J_2 \cos i}{2a^2(1-e^2)^2} \\ \dot{\omega} &= \frac{3nR_{\mathrm{e}}{}^2 J_2 (5\cos^2 i - 1)}{4a^2(1-e^2)^2}\end{aligned} \tag{1.11}$$

式中，$n = \sqrt{\mu/a^3}$；$R_{\mathrm{e}} = 6371.004\mathrm{km}$；$J_2 = -1.08264 \times 10^{-3}$，为非球形引力场的引力摄动。

2）大气阻力

在理想情况下，地球周围大气随地球的旋转而运动。也就是说，在理想情况下，大气与地球不存在相对运动。如果大气存在相对于地球的运动，则将其视为干扰。对于高度较低（<2000km）的轨道，大气阻力的影响很大。为了得到近似的分析结果，需要进行如下假设。

（1）大气层是球对称的。

（2）大气密度与轨道高度的关系符合如下关系式：

$$\rho = \rho_0 \mathrm{e}^{1-\frac{h-h_0}{H}} \tag{1.12}$$

式中，ρ 为高度 h 处的大气密度；ρ_0 为高度 h_0 处的大气密度；H 为标准高度，其取值与大气模型的类型（如CIRA模型）等因素有关。

（3）大气层不旋转。

（4）航天器横截面积为常量。

在轨运行的航天器所受大气阻力的大小取决于迎风面积和大气密度，迎风面积越大、大气密度越高，大气阻力越大，其表达式如下：

$$f_{\tau} = -\frac{C_{\mathrm{D}} A \rho v^2}{2m} \tag{1.13}$$

式中，m 为航天器质量；v 为航天器运行速度；A 为航天器垂直于运行速度方向的横截面积；C_D 为大气阻力系数，一般情况下 $C_D = 2.2$。

在大气阻力影响下，航天器的轨道半长轴和轨道偏心率将不断减小，轨道将不断变小、变圆。轨道半长轴和轨道偏心率在大气阻力影响下的变化公式如下：

$$\dot{a} = -\frac{a^2 v^3 \rho(H)}{\mu B}$$
$$\dot{e} = -\frac{v}{B}(e + \cos f)\rho(H) \tag{1.14}$$

式中，$B = m/C_D A$；$\rho(H)$ 为高度 H 处的大气密度。

3）太阳光压

太阳光压对航天器产生的摄动加速度会受到太阳与地球之间距离变化的影响，同时与太阳光强度、航天器的受照面积和航天器受照面的反射与吸收特性等因素相关。航天器受太阳光压影响的表达式如下：

$$F_s = \frac{\phi(1+\chi)A_s \cos\gamma}{c} \tag{1.15}$$

式中，ϕ 为地球轨道太阳常数；c 为光速；χ 为航天器受照面的反射率；A_s 为航天器的受照面积；γ 为太阳光入射角。

1.2.2　惯性矩阵相关概念

设质点系由 N 个质点 P_i 组成，质点 P_i 的质量为 m_i，其相对于 O 点的位置矢量为 $\boldsymbol{r}_i$，如图 1.12 所示。质点系对 O 点的惯性矩阵为

$$\boldsymbol{J} = \sum_{i=1}^{N} m_i (r_i^2 \boldsymbol{E} - \boldsymbol{r}_i \boldsymbol{r}_i^{\mathrm{T}}) \tag{1.16}$$

式中，$\boldsymbol{E}$ 为单位矩阵。

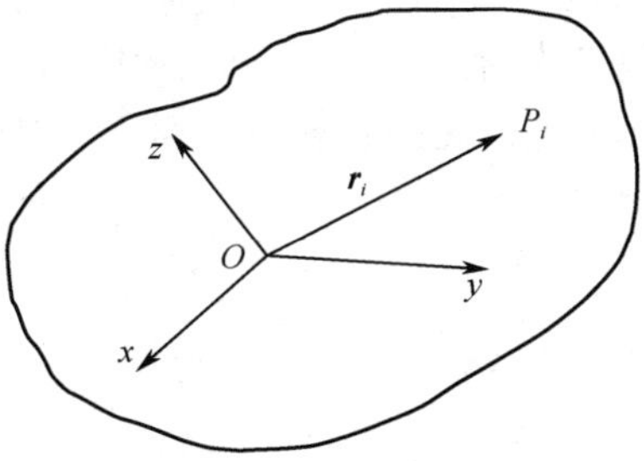

图 1.12　刚体质量分布示意图

由式（1.16）可知，惯性矩阵与质点系的质量分布有关。给定投影坐标系后，矢量的分量矩阵就确定了，惯性矩阵也就确定了。

若在投影坐标系中，矢量的分量矩阵为

$$\boldsymbol{r}_i = [x_i \quad y_i \quad z_i]^{\mathrm{T}} \tag{1.17}$$

则惯性矩阵为

$$
\begin{aligned}
\boldsymbol{J} &= \sum_{i=1}^{N} m_i (r_i^2 \boldsymbol{E} - \boldsymbol{r}_i \boldsymbol{r}_i^{\mathrm{T}}) \\
&= \begin{bmatrix}
\sum_{i=1}^{N} m_i (y_i^2 + z_i^2) & -\sum_{i=1}^{N} m_i x_i y_i & -\sum_{i=1}^{N} m_i x_i z_i \\
-\sum_{i=1}^{N} m_i x_i y_i & \sum_{i=1}^{N} m_i (x_i^2 + z_i^2) & -\sum_{i=1}^{N} m_i y_i z_i \\
-\sum_{i=1}^{N} m_i x_i z_i & -\sum_{i=1}^{N} m_i y_i z_i & \sum_{i=1}^{N} m_i (x_i^2 + y_i^2)
\end{bmatrix} \\
&= \begin{bmatrix}
J_x & -J_{xy} & -J_{xz} \\
-J_{yx} & J_y & -J_{yz} \\
-J_{zx} & -J_{zy} & J_z
\end{bmatrix}
\end{aligned} \tag{1.18}
$$

式中，

$$
\begin{aligned}
J_x &= \sum_{i=1}^{N} m_i (y_i^2 + z_i^2) \\
J_y &= \sum_{i=1}^{N} m_i (x_i^2 + z_i^2) \\
J_z &= \sum_{i=1}^{N} m_i (x_i^2 + y_i^2)
\end{aligned} \tag{1.19}
$$

分别称为质点系对 x 轴、y 轴、z 轴的转动惯量。

由式（1.18）可知，惯性矩阵为实数对称矩阵。在空间系绳系统建模过程中，通常选用与刚体固定连接的本体坐标系作为投影坐标系，这种情况下的惯性矩阵为常值矩阵。若 $Oxyz$ 坐标系不是主轴坐标系，则可通过式（1.20）来确定惯性主轴方向，即

$$
J_x x^2 + J_y y^2 + J_z z^2 - 2J_{xy} xy - 2J_{xz} xz - 2J_{yz} yz = 1 \tag{1.20}
$$

式（1.20）为有心二次曲面方程，曲面中心位于坐标原点处。由于刚体对任意转动轴的转动惯量总是大于零，因此该曲面只能为椭球面，一般称该曲面为刚体在 O 点的惯性椭球（又称柯西惯性椭球）。惯性椭球有相互正交的长轴、中轴、短轴，由这三个轴构成的新坐标系 $Ox_{\mathrm{t}}y_{\mathrm{t}}z_{\mathrm{t}}$ 的惯性椭球方程为标准形式，即

$$
J_x x_{\mathrm{t}}^2 + J_y y_{\mathrm{t}}^2 + J_z z_{\mathrm{t}}^2 = 1 \tag{1.21}
$$

称坐标系 $Ox_{\mathrm{t}}y_{\mathrm{t}}z_{\mathrm{t}}$ 为惯性主轴坐标系。

1.2.3 动量相关概念

空间系绳系统在实现轨道转移和载荷投送等特定任务时，涉及系统间的动量交换，其依据是动量定理及动量守恒定律[39]。

1. 动量定理

已知牛顿第二定律的数学表达式为

$$
\boldsymbol{F} = m\boldsymbol{a} \tag{1.22}
$$

对式（1.22）进行变换可得

$$
\boldsymbol{F}\mathrm{d}t = m\mathrm{d}\boldsymbol{v} \tag{1.23}
$$

对式（1.23）进行积分可得

$$\int_{t_1}^{t_2} \boldsymbol{F}\mathrm{d}t = m\int_{v_1}^{v_2} \mathrm{d}\boldsymbol{v} = m\boldsymbol{v}_2 - m\boldsymbol{v}_1 \tag{1.24}$$

式（1.24）表示质点所受合力对时间的积分等于质点质量与质点末态速度和初态速度之差的乘积。实质上，等式左边就是质点在这一时间段内受到的冲量，等式右边就是质点动量的变化量。

将冲量定义为力对时间的积分，将动量定义为质点质量与速度的乘积，即

$$\boldsymbol{I} = \int_{t_1}^{t_2} \boldsymbol{F}\mathrm{d}t \tag{1.25}$$

$$\boldsymbol{p} = m\boldsymbol{v} \tag{1.26}$$

上述推导过程显示了质点的动量与其所受冲量之间的关系，被称为质点的动量定理，即一个质点在某一过程中的动量变化量等于这个质点在这一过程中受到的冲量，即

$$\Delta\boldsymbol{p} = \boldsymbol{F}\Delta t = m\Delta\boldsymbol{v} = m\boldsymbol{v}_{\mathrm{f}} - m\boldsymbol{v}_0 \tag{1.27}$$

式中，$\boldsymbol{v}_{\mathrm{f}}$ 为质点末速度；$\boldsymbol{v}_0$ 为质点初速度。

对于质点系而言，其动量定理表示为质点系在某一过程中的总动量变化量等于该质点系在这一过程中受到的冲量，即

$$\Delta\boldsymbol{p} = \boldsymbol{F}\Delta t = \sum m_i\boldsymbol{v}_i' - \sum m_i\boldsymbol{v}_i = \sum \boldsymbol{p}_i' - \sum \boldsymbol{p}_i \tag{1.28}$$

2. 动量守恒定律

根据上述推导过程，若有一个质点（质点系）不受外力或所受合力（外力之和）为 0，则该质点（质点系）的动量守恒，即合外力作用前后质点（质点系）的总动量保持不变，即

$$\boldsymbol{p}' = \boldsymbol{p} \tag{1.29}$$

式中，$\boldsymbol{p}'$ 为合外力作用前质点（质点系）的总动量；$\boldsymbol{p}$ 为合外力作用后质点（质点系）的总动量。

1.2.4　动量矩相关概念

空间系绳系统在完成特定太空任务时，需要调整航天器的姿态，其依据是动量矩定理及动量矩守恒定律。

1. 动量矩定理

质心动量矩示意图如图 1.13 所示，质点 Q 对 O 点的动量矩可表示为

$$\boldsymbol{M}_O(m\boldsymbol{v}) = \boldsymbol{r} \times m\boldsymbol{v} \tag{1.30}$$

式中，$\boldsymbol{r}$ 为空间矢径；$m\boldsymbol{v}$ 为动量，即物体的质量与速度的乘积。$\boldsymbol{M}_O$ 的方向可以根据右手螺旋定则来确定。

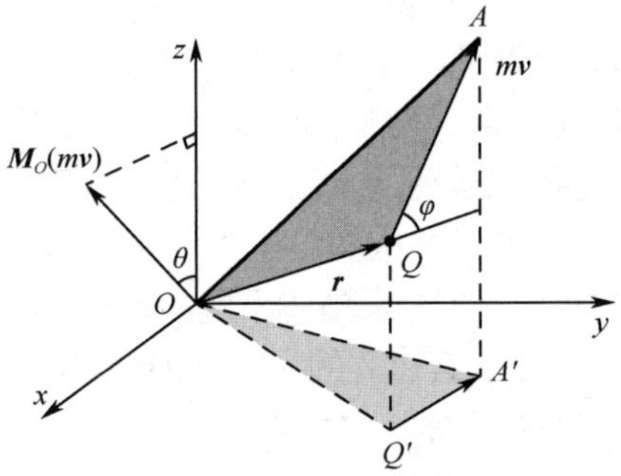

图 1.13　质心动量矩示意图

将质点 Q 对 O 点的动量矩对时间 t 求导，可得

$$\begin{aligned}\frac{\mathrm{d}}{\mathrm{d}t}\boldsymbol{M}_O(m\boldsymbol{v}) &= \frac{\mathrm{d}}{\mathrm{d}t}(\boldsymbol{r}\times m\boldsymbol{v}) \\ &= \frac{\mathrm{d}\boldsymbol{r}}{\mathrm{d}t}\times m\boldsymbol{v} + \boldsymbol{r}\times\frac{\mathrm{d}(m\boldsymbol{v})}{\mathrm{d}t} \\ &= 0 + \boldsymbol{r}\times\boldsymbol{F} = \boldsymbol{M}_O(\boldsymbol{F})\end{aligned} \tag{1.31}$$

质点的动量矩定理可表示为，质点对某一定点的动量矩对时间的一阶导数等于作用力对同一定点的力矩。

2. 动量矩守恒定律

在不受外力或所受合力为 0 时，系统动量守恒，可用公式表示为

$$m\boldsymbol{v}_2 - m\boldsymbol{v}_1 = \int_{t_1}^{t_2}\boldsymbol{F}\mathrm{d}t = 0 \tag{1.32}$$

同理，动量矩守恒定律可定义为，当外力对 O 点的力矩之和为 0 时动量矩守恒，可用公式表示为

$$\boldsymbol{M}_O(m\boldsymbol{v}_2) - \boldsymbol{M}_O(m\boldsymbol{v}_1) = \int_{t_1}^{t_2}\boldsymbol{M}_O(\boldsymbol{F})\mathrm{d}t = 0 \tag{1.33}$$

1.2.5 转动系中的惯性力与科里奥利力

质点所受惯性力的大小等于质点的质量和此非惯性系整体相对于惯性系的加速度的乘积，惯性力的方向与此加速度方向相反。惯性力与质点的位置无关，各处均匀。在牛顿力学中，惯性力是假想力，不是物体间的相互作用力，没有反作用力。

在匀速转动参考系中，若物体相对于参考系静止，则只存在离心惯性力；若物体相对于参考系做匀速运动，则同时存在离心惯性力和科里奥利力，即

$$\boldsymbol{a}_{\mathrm{co}} = 2\boldsymbol{\omega}\times\boldsymbol{v}' \tag{1.34}$$

$$\boldsymbol{F}_{\mathrm{c}} = 2m\boldsymbol{v}'\times\boldsymbol{\omega} \tag{1.35}$$

1.2.6 拉格朗日方程介绍

约瑟夫·路易斯·拉格朗日（Joseph-Louis Lagrange）是分析力学的创立者，其著作《分析力学》在总结历史上各种力学基本原理的基础上，发展了达朗贝尔、欧拉等的研究成果，引入了势和等势面的概念，进一步把数学分析应用于质点和刚体力学。他提出了应用于静力学和动力学的普遍方程，引入了广义坐标的概念，建立了拉格朗日方程，并把力学体系的运动方程从以力为基本概念的牛顿力学形式改变为以能量为基本概念的分析力学形式，奠定了分析力学的基础，为把力学理论推广应用于物理学其他领域开辟了道路。

与第一类拉格朗日方程类似，第二类拉格朗日方程也可以写成每个广义坐标对应一个方程的形式，是经典力学中的描述物理运动的方法。通过求解第二类拉格朗日方程，可以得到系统在不同时间点的广义坐标的具体数值，从而便于人们了解系统的运动轨迹和性质。第二类拉格朗日方程是通过使用广义坐标和广义力来描述系统运动的。第二类拉格朗日方程采用独立的广义坐标来描述系统，且不存在约束，其建立的系统动力学方程更简单和实用[40]。设质点系由 n 个质点组成，受 d 个完整约束，系统有 s 个自由度，用 k（$k=3n-d$）个广义坐标 $q_1,q_2,\cdots,q_k$ 表示质点的位置，则系统的第二类拉格朗日方程可表示为

$$\frac{\mathrm{d}}{\mathrm{d}t}\frac{\partial(T-V)}{\partial q_\alpha}-\frac{\partial(T-V)}{\partial q_\alpha}=Q_\alpha \quad (\alpha=1,2,\cdots,k) \tag{1.36}$$

式中，T为系统动能；V为系统势能；Q_α为系统除有势力、耗散力之外的广义力。

根据牛顿运动定律，由n个质点形成的力学体系的动力学方程可写为

$$m_i\ddot{\boldsymbol{r}}_i=\boldsymbol{F}_i+\boldsymbol{R}_i \quad (i=1,2,\cdots,n) \tag{1.37}$$

第二类拉格朗日方程［见式（1.36）］和牛顿运动定律方程［见式（1.37）］虽然在数学上只是移项顺序不同，但在物理学上却很有意义。式（1.37）是一个力学体系的平衡方程，代表主动力$\boldsymbol{F}_i$、约束反力$\boldsymbol{R}_i$和质点因有加速度而产生的有效力（惯性力）的平衡。通过这种方法可以把动力学问题转化为静力学问题来处理。式（1.37）反映的这种平衡关系，通常叫作达朗贝尔原理。若用虚位移$\delta\boldsymbol{r}_i$乘以式（1.37）并对i求和，则在理想约束的条件下可得

$$\sum_{i=1}^{n}(\boldsymbol{F}_i-m_i\ddot{\boldsymbol{r}}_i)\cdot\delta\boldsymbol{r}_i=0 \tag{1.38}$$

式（1.38）是与力学体系的静止条件［见式（1.37）］相对应的虚功原理，即达朗贝尔原理和虚功原理的结合，又称达朗贝尔-拉格朗日方程。

达朗贝尔-拉格朗日方程从形式上将动力学方程转化为平衡方程——达朗贝尔原理。达朗贝尔原理是力学的基本原理。达朗贝尔原理的形式过于简洁，不便于直接用来解决具体问题，下面就完整系统的情形把达朗贝尔原理转化成便于应用的形式，即拉格朗日方程。

设$q_1,q_2,\cdots,q_k$是完整系统的广义坐标，$\boldsymbol{r}_i=\boldsymbol{r}_i(q,t)$是质点系中第$i$个质点在惯性系中的位置矢量$\boldsymbol{r}_i$与广义坐标$q$和时间$t$之间的关系。由分析可知，对任意$\delta q$来说，$\sum\frac{\partial\boldsymbol{r}_i}{\partial q_\alpha}\delta q_\alpha=\delta\boldsymbol{r}_i$都是系统的虚位移，因此达朗贝尔原理可以表示为

$$\sum_{\alpha=1}^{k}\left(\sum_{i=1}^{n}m_i\ddot{\boldsymbol{r}}\cdot\frac{\partial\boldsymbol{r}_i}{\partial q_\alpha}-\sum_{i=1}^{n}\boldsymbol{F}_i\cdot\frac{\partial\boldsymbol{r}_i}{\partial q_\alpha}\right)\delta q_\alpha=0 \tag{1.39}$$

由于

$$\mathrm{d}\boldsymbol{r}_i=\frac{\partial\boldsymbol{r}_i}{\partial q_1}\mathrm{d}q_1+\frac{\partial\boldsymbol{r}_i}{\partial q_2}\mathrm{d}q_2+\cdots+\frac{\partial\boldsymbol{r}_i}{\partial q_k}\mathrm{d}q_k+\frac{\partial\boldsymbol{r}_i}{\partial t}\mathrm{d}t=\sum_{\alpha=1}^{k}\frac{\partial\boldsymbol{r}_i}{\partial q_\alpha}\mathrm{d}q_\alpha+\frac{\partial\boldsymbol{r}_i}{\partial t}\mathrm{d}t \tag{1.40}$$

$$\dot{\boldsymbol{r}}_i=\frac{\mathrm{d}\boldsymbol{r}_i}{\mathrm{d}t}=\sum_{\alpha=1}^{k}\frac{\partial\boldsymbol{r}_i}{\partial q_\alpha}\dot{q}_\alpha+\frac{\partial\boldsymbol{r}_i}{\partial t} \tag{1.41}$$

式中，$\boldsymbol{r}_i$是$q_1,q_2,\cdots,q_k$及时间t的函数；$\frac{\partial\boldsymbol{r}_i}{\partial q_\alpha}$ $(\alpha=1,2,\cdots,k)$一般也是$q_1,q_2,\cdots,q_k$及时间t的函数，除非这些独立变量在$\boldsymbol{r}_i$中都是线性的。因此，在一般情况下，$\boldsymbol{r}_i$是$q_1,q_2,\cdots,q_k$、$\dot{q}_1,\dot{q}_2,\cdots,\dot{q}_k$及时间$t$的函数。同时，$\frac{\partial\boldsymbol{r}_i}{\partial t}$和$\frac{\partial\boldsymbol{r}_i}{\partial q_\alpha}$都不是$\dot{q}_\alpha$的函数，且因为$\dot{q}_1,\dot{q}_2,\cdots,\dot{q}_k$是相互独立的，所以可得

$$\frac{\partial\dot{\boldsymbol{r}}_i}{\partial\dot{q}_\alpha}=\frac{\partial}{\partial\dot{q}_\alpha}\left(\sum_{\beta=1}^{k}\frac{\partial\boldsymbol{r}_i}{\partial q_\beta}\dot{q}_\beta+\frac{\partial\boldsymbol{r}_i}{\partial t}\right)=\frac{\partial\boldsymbol{r}_i}{\partial q_\alpha} \tag{1.42}$$

因为

$$\begin{aligned}\frac{\mathrm{d}}{\mathrm{d}t}\left(\frac{\partial \boldsymbol{r}_i}{\partial q_\alpha}\right) &= \sum_{\beta=1}^{k}\frac{\partial^2 \boldsymbol{r}_i}{\partial q_\beta \partial q_\alpha}\dot{q}_\beta + \frac{\partial^2 \boldsymbol{r}_i}{\partial t \partial q_\alpha} \\ &= \frac{\partial}{\partial q_\alpha}\left(\sum_{\beta=1}^{k}\frac{\partial \boldsymbol{r}_i}{\partial q_\beta}\dot{q}_\beta + \frac{\partial \boldsymbol{r}_i}{\partial t}\right) \\ &= \frac{\partial \dot{\boldsymbol{r}}_i}{\partial q_\alpha} = \frac{\partial}{\partial q_\alpha}\left(\frac{\mathrm{d}\boldsymbol{r}_i}{\mathrm{d}t}\right)\end{aligned} \tag{1.43}$$

所以可得

$$\begin{aligned}\sum_{i=1}^{n} m_i \ddot{\boldsymbol{r}} \cdot \frac{\partial \boldsymbol{r}_i}{\partial q_\alpha} &= \frac{\mathrm{d}}{\mathrm{d}t}\sum_{i=1}^{n} m_i\left(\dot{\boldsymbol{r}}_i \cdot \frac{\partial \boldsymbol{r}_i}{\partial q_\alpha}\right) - \sum_{i=1}^{n} m_i\left(\dot{\boldsymbol{r}}_i \cdot \frac{\mathrm{d}}{\mathrm{d}t}\frac{\partial \boldsymbol{r}_i}{\partial q_\alpha}\right) \\ &= \frac{\mathrm{d}}{\mathrm{d}t}\left(\sum_{i=1}^{n} m_i \dot{\boldsymbol{r}}_i \frac{\partial \boldsymbol{r}_i}{\partial \dot{q}_\alpha}\right) - \sum_{i=1}^{n} m_i \dot{\boldsymbol{r}}_i \frac{\partial \dot{\boldsymbol{r}}_i}{\partial q_\alpha} \\ &= \frac{\mathrm{d}}{\mathrm{d}t}\left(\frac{\partial T}{\partial \dot{q}_\alpha}\right) - \frac{\partial T}{\partial q_\alpha}\end{aligned} \tag{1.44}$$

式中，$T = \frac{1}{2}\sum m_i \dot{\boldsymbol{r}}_i^2$，为系统的动能。广义力 $\boldsymbol{Q}_\alpha$ 可表示为

$$\boldsymbol{Q}_\alpha = \sum_{i=1}^{n} \boldsymbol{F}_i \cdot \frac{\partial \boldsymbol{r}_i}{\partial q_\alpha} \tag{1.45}$$

$\boldsymbol{Q}_\alpha$ 通过变换方程 $\boldsymbol{r}_i = \boldsymbol{r}_i(q,t)$ 可表示成 q 、$\dot{q}$ 、t 的函数，于是达朗贝尔原理的表示形式变为

$$\sum_{\alpha=1}^{k}\left[\frac{\mathrm{d}}{\mathrm{d}t}\left(\frac{\partial T}{\partial \dot{q}_\alpha}\right) - \frac{\partial T}{\partial q_\alpha} - \boldsymbol{Q}_\alpha\right] \tag{1.46}$$

在完整系统情况下，式（1.46）与达朗贝尔原理等价，也可以说，式（1.46）是达朗贝尔原理的广义坐标表示形式，用广义坐标替换直角坐标，可使达朗贝尔原理具有更强的普遍性和概括性。该方程被称为第二类拉格朗日方程。从第二类拉格朗日方程的推导过程来看，这组方程对广义坐标的转换来说是不变式。第二类拉格朗日方程实际上是关于 k 个广义坐标（时间 t 的未知函数）的、由 k 个二阶微分方程构成的常微分方程组。这组方程的优点是，只要知道力学体系用广义坐标 $\dot{q}_1,\dot{q}_2,\cdots,\dot{q}_k$ 表示出来的动能 T，以及作用在此力学体系上的力，就可以写出该力学体系的动力学方程。$\dfrac{\partial T}{\partial \dot{q}_\alpha}$ 叫作广义动力，可为线动量、角动量等；$\dot{q}_\alpha$ 叫作广义速度（线速度、角速度等）。因为动量对时间的微分等于力，所以 $\boldsymbol{Q}_\alpha$ 叫作广义力。这一特征对于列方程和对方程本身进行讨论来说，无疑是一个很大的优点。第二类拉格朗日方程中不含未知的约束力。对于给定的系统和已知的主动力（主动力是广义坐标、广义速度及时间的已知函数）来说，第二类拉格朗日方程中的动能 T 和广义力 $\boldsymbol{Q}_\alpha$ 是广义坐标 q、广义速度 $\dot{q}$ 及时间 t 的已知函数。

第二类拉格朗日方程的特点及价值：①第二类拉格朗日方程是一个二阶微分方程组（方程的个数与动力学系统的自由度相同），形式简洁、结构紧凑，无论选取什么参数作为广义坐标，方程形式都不变。②第二类拉格朗日方程中不出现约束反力，因此在建立动力学系统的方程时，只需要分析已知的主动力，不必考虑未知的约束反力；体系越复杂，约束条件越多，自由度越少，方程个数越少，问题越简单。③第二类拉格朗日方程是从能量的角度来描述动力学规律的，能量是物理学中的基本物理量而且是标量，因此第二类拉格朗日方程为把力学规律推

广到物理学及其他领域创造了可能性，成为力学与其他物理学分支联系的桥梁。第二类拉格朗日方程在理论、方法、形式和应用上用高度统一的规律描述了力学系统的动力学规律，为解决动力学系统的动力学问题提供了统一的、程序化的方法，不仅在力学范畴有重要的理论意义和实用价值，而且为研究近代物理学提供了必要的物理思想和数学技巧。

1.2.7　统计学相关概念

1. 基本概念

在数理统计学中，研究对象全体元素组成的集合被称为总体，组成总体的元素被称为个体。任何总体都可以用随机变量描述，对总体的研究也就是对描述总体的随机变量的分布规律和数字特征的研究[41]。

为了了解总体的分布规律或某些特征，必须对总体进行抽样观测。从总体中随机抽取 n 个个体 $X_1,X_2,\cdots,X_n$ ，称这些个体为来自总体 X 的、容量为 n 的样本。由于每个样本取值都为总体取值范围内的随机值，因此每个样本都是一个 n 维随机向量 $[X_1,X_2,\cdots,X_n]^{\mathrm{T}}$ 。在抽样观测后，样本数据被称为样本的一个观测值（样本值）。同时具有代表性和独立性的样本被称为简单随机样本。为了集中处理总体的信息，引入统计量概念。常用统计量如下。

1）均值

均值的表达式为

$$\bar{X}=\frac{1}{n}\sum_{i=1}^{n}X_i \tag{1.47}$$

2）方差

方差的表达式为

$$S_n^2=\frac{1}{n}\sum_{i=1}^{n}(X_i-\bar{X})^2=\frac{1}{n}\sum_{i=1}^{n}X_i^{\ 2}-\bar{X}^2 \tag{1.48}$$

3）标准差

标准差的表达式为

$$S_n=\sqrt{\frac{1}{n}\sum_{i=1}^{n}(X_i-\bar{X})^2} \tag{1.49}$$

4）k 阶原点矩

k 阶原点矩的表达式为

$$A_k=\frac{1}{n}\sum_{i=1}^{n}X_i^k \quad (k=1,2,\cdots,n) \tag{1.50}$$

5）k 阶中心矩

k 阶中心矩的表达式为

$$B_k=\frac{1}{n}\sum_{i=1}^{n}(X_i-\bar{X})^k \quad (k=1,2,\cdots,n) \tag{1.51}$$

由上述表达式可知， $A_1=\bar{X}$ ， $B_2=S_n^2$ 。

假设总体 X 的分布函数为 $F(x)$ ，现对 X 进行 n 次重复独立观测（对总体进行 n 次简单随机抽样），以 $v_n(x)$ 表示随机事件 $\{X\leqslant x\}$ 在这 n 次重复独立观测中出现的次数。由于在 n 次重复独立观测中某事件出现的次数服从二项分布，因此 $v_n(x)$ 服从二项分布，即 $v_n(x)\sim B(n,F(x))$ 。

称函数 $F_n(x)=v_n(x)/n$ 为总体 X 的经验分布函数，其中 $\{-\infty<x<+\infty\}$ 。当给定观测值 $[x_1,x_2,\cdots,x_n]^{\mathrm{T}}$ 时，$F_n(x)$ 为分布函数，其具有如下性质。

（1）$0\leqslant F_n(x)\leqslant 1$ 。

（2）$F_n(-\infty)=0$，$F_n(+\infty)=1$ 。

（3）$F_n(x)$ 非减且右连续。

2. 抽样分布

抽样分布是统计量的概率分布，常见的抽样分布有 χ^2 分布、t 分布、F 分布和正态分布。

1）χ^2 分布

定理 1.1 设随机变量 $X_1,X_2,\cdots,X_n$ 相互独立且服从标准正态分布 $N(0,1)$ ，则称随机变量

$$\chi_n^2=X_1^2+X_2^2+\cdots+X_n^2 \tag{1.52}$$

服从自由度为 n 的 χ^2 分布，记作 $\chi_n^2\sim\chi^2(n)$ 。这里自由度 n 为式中独立变量个数，随机变量 χ_n^2 又称 χ^2 变量。

用数学表达式定义的随机变量 χ_n^2 的分布密度为

$$f(x)=\begin{cases}\dfrac{\mathrm{e}^{-\frac{x}{2}}x^{\frac{n}{2}-1}}{2^{\frac{n}{2}}\Gamma\left(\dfrac{n}{2}\right)} & (x>0)\\ 0 & (x\leqslant 0)\end{cases} \tag{1.53}$$

伽马函数 $\Gamma(a)=\int_0^{\infty}x^{a-1}\mathrm{e}^{-x}\mathrm{d}x$ 。

2）t 分布

定理 1.2 设 $X\sim N(0,1)$ ，$Y\sim\chi^2(n)$ ，且 X 与 Y 相互独立，则称随机变量

$$T=\frac{X}{\sqrt{Y/n}} \tag{1.54}$$

服从自由度为 n 的 t 分布，记作 $T\sim t(n)$ ，随机变量 T 又称 T 变量。

用数学表达式定义的随机变量 T 的分布密度为

$$\varphi_T(x)=\frac{\Gamma\left(\dfrac{n+1}{2}\right)}{\sqrt{n\pi}\Gamma\left(\dfrac{n}{2}\right)}\left(1+\frac{x^2}{n}\right)^{-\frac{n+1}{2}}\quad(-\infty<x<+\infty) \tag{1.55}$$

3）F 分布

定理 1.3 设 $X\sim\chi^2(n_1)$ ，$Y\sim\chi^2(n_2)$ ，且 X 与 Y 相互独立，则称随机变量

$$F=\frac{X/n_1}{Y/n_2} \tag{1.56}$$

服从自由度为 (n_1,n_2) 的 F 分布，记作 $F\sim F(n_1,n_2)$ 。其中，n_1 称为第一自由度，n_2 称为第二自由度。

用数学表达式定义的自由度为 (n_1,n_2) 的随机变量 F 的分布密度为

$$\varphi_F(x)=\begin{cases}\dfrac{\Gamma\left(\dfrac{n_1+n_2}{2}\right)\left(\dfrac{n_1}{n_2}\right)\left(\dfrac{n_1}{n_2}x\right)^{\frac{n_1}{2}-1}\left(1+\dfrac{n_1}{n_2}x\right)^{-\frac{n_1+n_2}{2}}}{\Gamma\left(\dfrac{n_1}{2}\right)\Gamma\left(\dfrac{n_2}{2}\right)} & (x>0)\\ 0 & (x\leqslant 0)\end{cases} \tag{1.57}$$

4）正态分布

正态分布总体统计量的精确分布较容易求得，且在很多领域的统计研究中遇到的总体多数可认为近似服从正态分布。

定理 1.4　设$[X_1,X_2,\cdots,X_n]^{\mathrm{T}}$是来自正态分布总体$N(\mu,\sigma^2)$的一个样本，则样本的任一线性函数

$$U=a_1X_1+a_2X_2+\cdots+a_nX_n \tag{1.58}$$

仍是正态分布变量，且

$$U\sim N\left(\mu\sum_{i=1}^{n}a_i,\sigma^2\sum_{i=1}^{n}a_i^2\right) \tag{1.59}$$

特别地，取$a_i=\dfrac{1}{n}(i=1,2,\cdots,n)$，得到样本均值$\bar{X}$的概率分布为

$$\bar{X}\sim N\left(\mu,\frac{\sigma^2}{n}\right) \tag{1.60}$$

3. 皮尔逊检验

皮尔逊检验又称χ^2检验，是由英国数学家皮尔逊（Pearson）于 1900 年提出的考虑一维情况的拟合优度检验方法。设$X_1,X_2,\cdots,X_n$是从未知分布F的总体中抽出的简单随机样本，有以下两种情况需要检验。

（1）$F=F_0$，F_0完全已知。

（2）$F\in\Theta$，Θ是一个给定的分布族。

将$\boldsymbol{R}\in(-\infty,+\infty)$分为适当个数的连接区间，有$-\infty<a_0<a_1<a_2<\cdots<a_{k-1}<a_k<+\infty$，用$n_i$表示落在区间$[a_{i-1},a_i)$内的样本个数。皮尔逊检验通过统计量$\chi^2$来进行零假设检验，将统计量$\chi^2$定义为

$$\chi^2=\sum_{i=1}^{k}\frac{(n_i-n\pi_i)^2}{n\pi_i} \tag{1.61}$$

式中，$\pi_i=F(a_i)-F(a_i-1)$。在情况（1）下，F已知为F_0，χ^2完全由样本决定，属于统计量（皮尔逊统计量）。皮尔逊证明了在$F=F_0$成立的条件下，当$n\to\infty$时，统计量χ^2有自由度为$k-1$的χ^2分布。

1.2.8 数值积分方法介绍

数值积分方法主要分为单步长积分方法和多步长积分方法。其中，单步长积分方法利用前一时刻的信息来求下一时刻的信息；多步长积分方法利用前面多个时刻的信息来求下一时刻的信息。空间系绳系统一般采用单步长积分方法。

本书中用到的所有空间系绳系统动力学模型都是集中参数模型——用一阶显式常微分方程组描述（等式左边是动力学系统状态变量的时间导数，等式右边是这些状态变量的已知函

数）。因此，所采用的数学模型可以表示成式（1.62）所示的一般形式，即

$$\frac{\mathrm{d}\boldsymbol{y}}{\mathrm{d}t}=\boldsymbol{F}(\boldsymbol{y},t) \tag{1.62}$$

式中，$\boldsymbol{y}=[y_1,y_2,\cdots,y_n]^{\mathrm{T}}$，是动态系统状态变量列矩阵；$\boldsymbol{F}=[F_1,F_2,\cdots,F_n]^{\mathrm{T}}$，是微分方程组等式右边的已知函数向量；$t$ 是独立变量（通常为时间）。

通常将式（1.62）表述为初值问题，求解这个问题必须设置系统的初始状态，即向量 $\boldsymbol{y}(t_0)$ 和时间段 $[t_0,t_k]$，这里 t_0 和 t_k 分别表示系统积分的起始时间、终止时间。由式（1.62）定义的系统初值问题，可以采用任意常微分方程数值积分方法求解。在 MathCAD 软件中有给定初始条件的常微分方程组积分函数 Rkadapt 和 rkfixed，这些函数和其他类似函数可以通过依次执行菜单中的“插入”→“函数”→“微分方程求解”命令嵌入到程序中。本书中使用的是作者开发的基于变步长四阶龙格–库塔法的积分程序 integr4。根据所研究的任务特点对该函数进行必要的改变，以使其适应具体空间系绳系统动力学与运动控制问题。

龙格–库塔法（Runge-Kutta Method）是一类用于近似求解常微分方程的数值方法，该方法将微分方程转化为差分方程，并使用一系列迭代步骤来计算函数的近似值。其中最常用的方法是四阶龙格–库塔法。

四阶龙格–库塔法在式（1.62）所描述的系统前一时刻 $(t_m,y^{(m)})$ 的状态已知的情况下，用来预测 t_{m+1} 时刻的状态变量值。根据式（1.63）进行预测，即

$$\boldsymbol{y}^{(m+1)}=\boldsymbol{y}^{(m)}+\frac{h_m}{6}(\boldsymbol{K}_1+2\boldsymbol{K}_2+2\boldsymbol{K}_3+\boldsymbol{K}_4) \tag{1.63}$$

式中，$h_m=t_{m+1}-t_m$，为积分步长；$\boldsymbol{K}_1=\boldsymbol{F}(\boldsymbol{y}^{(m)},t_m)$，$\boldsymbol{K}_2=\boldsymbol{F}\left(\boldsymbol{y}^{(m)}+\frac{h_m}{2}\boldsymbol{K}_1,t_m+\frac{h_m}{2}\right)$，$\boldsymbol{K}_3=\boldsymbol{F}\left(\boldsymbol{y}^{(m)}+\frac{h_m}{2}\boldsymbol{K}_2,t_m+\frac{h_m}{2}\right)$，$\boldsymbol{K}_4=\boldsymbol{F}(\boldsymbol{y}^{(m)}+h_m\boldsymbol{K}_3,t_m+h_m)$。

由式（1.63）定义的积分方法属于显式单步长积分方法，即预测时等式右边不包含被预测点 $(t_{m+1},\boldsymbol{y}^{(m+1)})$，仅利用前一时刻 $(t_m,\boldsymbol{y}^{(m)})$ 的信息。所采用的积分方法及相应的函数程序适用于进行定步长积分和变步长积分。无论在哪种情况下都要先选取积分方法的参数。如果利用四阶龙格–库塔法进行积分运算，则应先给出积分步长。设 $\overline{\delta}_i$ 为式（1.62）表示的系统积分结束时第 i 个状态变量的预设运算精度，则有

$$\delta_i\approx\frac{\left|\hat{y}_i(t_k,h)-\hat{y}_i(t_k,h/2)\right|}{2^p-1}2^p<\overline{\delta}_i \tag{1.64}$$

式中，$p=4$，为龙格–库塔法的精度阶次；$i=1,2,\cdots,n$；h 为积分步长。

龙格–库塔法则的推导如下：

$$\begin{aligned}
&\hat{y}_i(h)-y=C_p h^p\\
&\hat{y}_i(h)=y+C_p h^p\\
&\hat{y}_i(h/2)=y+C_p(h/2)^p\\
&\hat{y}_i(h)-\hat{y}_i(h/2)=C_p(h^p-h^p/2^p)\\
&C_p=\frac{\hat{y}_i(h)-\hat{y}_i(h/2)}{h^p(1-1/2^p)}\\
&\left|\delta_i\right|=\left|C_p h^p\right|=\frac{\left|\hat{y}_i(h)-\hat{y}_i(h/2)\right|}{2^p-1}2^p
\end{aligned} \tag{1.65}$$

当状态变量变化函数为平滑函数或控制任务对积分步长有要求时，应采用定步长积分方法。

采用变步长积分方法在很多情况下能够减少计算量，因为这种方法能根据所得解在计算过程中自适应地选择积分步长。对此必须估计局部积分精度，也就是当前积分步长的积分精度 $\hat{\delta}_i$。如果估值存在，那么在选择下一个积分步长时可以采用费尔贝格算法，即

$$h_{m+1}=\begin{cases}h_m & (0.1\leqslant A\leqslant 1)\\ h_m/2 & (A>1)\\ 2h_m & (A<0.1)\end{cases} \tag{1.66}$$

式中，$A=\max\limits_i\left(\dfrac{\hat{\delta}_i}{D_i}\right)$，其中 D_i 为定值。

此时，积分方法的参数有积分初始步长 h_0、积分最大步长 $h_{\max}$ 和积分步长自动选取的恒量 D_i。对于空间系绳系统运动方程的计算来说，积分初始步长 h_0 和积分最大步长 $h_{\max}$ 实际上不取决于具体任务，一般取 $h_0=10^{-7}$ 和 $h_{\max}=1$。需要确定的参数为积分步长自动选取的恒量 D_i，该恒量决定了计算精度。本书取 $D_i=D$，即恒量不随变量编号的改变而改变，对于所有变量取相同的恒量。为了选取恒量 D 要进行一系列试验计算，以保证在积分结束时状态变量满足给定的计算精度要求。为此，建议根据如下条件表达式选取恒量，即

$$\delta_i\approx\left|\hat{y}_i(t_k,D)-\hat{y}_i(t_k,D/10)\right|<\bar{\delta}_i \tag{1.67}$$

如果该不等式对于所有变量都成立，那么建议选取 $D/10$ 作为恒量的最终值。采用四阶龙格-库塔法的局部积分精度可以根据式（1.68）进行估计，即

$$\hat{\boldsymbol{\delta}}=h_m(\boldsymbol{K}_1-\boldsymbol{K}_2-\boldsymbol{K}_3+\boldsymbol{K}_4) \tag{1.68}$$

式中，$\hat{\boldsymbol{\delta}}=[\hat{\delta}_1,\hat{\delta}_2,\cdots,\hat{\delta}_n]^{\mathrm{T}}$。

任何归结为用式（1.62）描述的一次积分的空间系绳系统运动仿真程序都包括以下内容：①设置程序常量和其他原始信息；②描述程序中用到的函数；③计算系统运动的初始条件；④描述系统微分方程组等式右边的已知函数向量；⑤选取积分方法的参数和基于积分程序 integr4 对系统进行积分；⑥生成建立空间系绳系统运动曲线图的数组；⑦建立需要的关系曲线。本书中所有程序的核心都是积分程序 integr4，其文本内容如下。

```
integr4(t, tk, yy, step, stepmax, ii, D, nu) := while  t < tk
        Z[ii,0] ← t
        for  ki ∈ 1..nu
            Z[ii,ki] ← yy[ki-1]
        Z[ii,nu+1] ← step
        tt ← t + step
        K1 ← ff(yy, t)
        K2 ← ff(yy + K1·step/2, t + step/2)
        K3 ← ff(yy + K2·step/2, t + step/2)
        K4 ← ff(yy + K3·step, t + step)
        ys ← yy + step/6·(K1 + 2·K2 + 2·K3 + K4)
        DS ← step·(K1 − K2 − K3 + K4)
```

```
            DSmax ← max(|DS/D|)
            if DSmax ≤ 1
                t ← tt
                y ← ys
                ii ← ii + 1
                Z_{ii,0} ← t
                for ik ∈ 1..nu
                   Z_{ii,ki} ← yy_{ki-1}
                step ← | step     if 0.1 ≤ DSmax ≤ 1
                       | step·2   if 0.1 > DSmax
                step ← | stepmax  if step > stepmax
                       | step     if step ≤ stepmax
            step ← step/2  if DSmax > 1
        Z
```

积分程序 integr4 输入变量的含义：t 为积分起始时间； tk 为积分终止时间； yy 为系统的初始状态向量；step 为积分初始步长；step max 为积分最大步长；ii 为积分步长的初始编号（通常取 ii 为 0）；D 为积分步长自动选取的恒量；nu 为系统中方程的数量。

积分程序除了输入变量，还有计算被积分系统等式右边已知函数的外部子程序 $\text{ff}(\text{yy},\text{t})$。这个子程序的输入变量有系统状态变量向量 yy 和时间 t。这个子程序将在后面建立。

积分程序一般写作 $Z := \text{integr4}(0,\text{tk},\text{y},\text{step},\text{step max},0,D,4)$。其中，Z 为二维数组，该数组中的第一个索引量为时刻编号，第二个索引量为变量编号。例如，在初始时刻，$Z_{0,0}=t_0$，$Z_{0,1}=\theta(t_0)$，$Z_{0,2}=\omega(t_0)$，$Z_{0,3}=L(t_0)$，$Z_{0,4}=V(t_0)$。

除了龙格-库塔法，博加什-沙姆派恩法（Bogacki-Shampine Method）和多尔曼德-普林斯法（Dormand-Prince Method）也是用于近似求解常微分方程的自适应步长数值积分方法，它们基于龙格-库塔法，并引入了误差估计和积分步长控制机制，进而提高了数值积分方法的精度和效率。其基本原理是先使用两个不同阶数的龙格-库塔法近似求解微分方程，并通过比较它们的结果来估计误差，然后根据估计的误差自适应地调整积分步长，以保持所需精度。

第2章　空间系绳系统动力学模型

2.1　引言

空间系绳系统动力学模型是理论研究的基础和应用的前提。目前常用的空间系绳系统动力学模型主要分为集中参数模型和分布参数模型两类。

集中参数模型如下。

（1）哑铃模型：忽略系绳的弹性和柔性，将其视为一个刚性杆，不考虑系绳质量，建模难度低，便于直观理解和计算。

（2）弹性杆模型：考虑系绳的弹性，而忽略其柔性，便于分析系统运动特性并降低控制器设计难度。

（3）桌球模型：同时考虑系绳的弹性和柔性，将系绳视为无质量的柔性弹簧，更接近实际模型。

分布参数模型如下。

（1）链杆模型：将系绳离散为一系列由铰链连接的、有质量的刚性杆。

（2）珠点模型：利用有限元法或集中质量法，将系绳离散为一系列由无质量弹簧连接的质点，在充分考虑系绳的弹性和柔性的同时增大了建模难度与计算量。所选取的离散点数量越多，模型与真实空间系绳系统越接近，但空间系绳系统越复杂，理论研究的难度越大，仿真运算时间越长。

集中参数模型由于假设简单，因此计算简便，且在多数情况下能够在一定程度上反映系统性能。然而，集中参数模型由于在很大程度上忽略了系绳对空间系绳系统的影响，因此不适用于系绳质量较大、系绳变形明显的情况。分布参数模型将系绳视为连续或离散的柔性体，充分考虑了系绳的弯曲、扭转等形变因素，能够较好地反映系绳的动力学性能，但是存在系绳长度较大，难以获得连续系绳的偏微分解析解，以及以离散点建模的计算颇为烦琐等问题。

在实际研究中，在满足任务要求的前提下，往往先利用简化模型得出空间系绳系统的定性定量特性，并推导控制律，再在此基础上利用复杂柔性模型进行模型验证。集中参数模型和分布参数模型实际都是在不同程度上关于空间系绳系统的近似模型，为了进一步描述系绳特性，学者们提出了可以对空间系绳系统进行精确描述的连续体模型。连续体模型先通过对微小系绳段进行受力分析，建立能够对整个一维连续体系绳进行详细描述的微分方程和偏微分方程组，以进行准确的动力学描述，再对方程组进行离散，并代入适当的边界条件，以实现对空间系绳系统的动力学仿真。理论上，连续体模型可以对系绳进行完全描述。

下面首先介绍坐标转换基础，其次介绍常用坐标系定义和坐标转换矩阵，再次基于哑铃模型利用第二类拉格朗日方程建立空间系绳系统动力学模型，最后介绍数值积分方法对建模精度的影响。

2.2 坐标转换基础

在对空间系绳系统进行研究的过程中，对不同参量进行描述需要用到不同坐标系。在研究一个问题时，往往会用到多个参量，因此会涉及不同坐标系中的坐标转换。将所有参量在统一的坐标系下表述有利于问题的研究。

坐标转换的表述方法有四元数法和欧拉角法两种。四元数法是运用矩阵论的纯代数方法，适用范围比较广，不存在极限无定义问题。欧拉角法通过三次绕不同坐标轴的连续旋转（顺序固定，如 Z 轴—Y 轴—X 轴）描述刚体姿态，每次旋转的角度称为欧拉角。用欧拉角描述刚体姿态有明确的几何意义。因此，欧拉角法更加直观，应用较为广泛。

在使用欧拉角法进行坐标转换时，会用到坐标系基元转换的相关知识。图 2.1 所示为转过任意欧拉角的物体示意图。

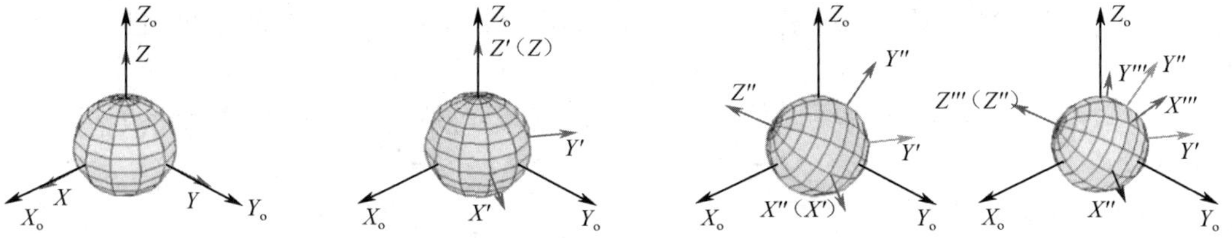

图 2.1 转过任意欧拉角的物体示意图

欧拉角是通过绕 X 轴、Y 轴、Z 轴旋转得到的。下面依次绕 Z 轴 — Y 轴 — X 轴旋转三个欧拉角进行分析。

（1）绕 Z 轴旋转角度 ψ，如图 2.2 所示。

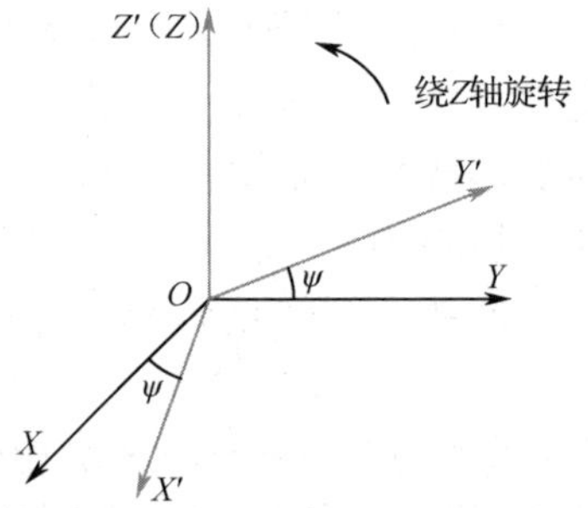

图 2.2 绕 Z 轴旋转角度 ψ 示意图

显然，在绕 Z 轴旋转时，Z 轴分量不变。为了便于研究问题，从 Z 轴方向看，XOY 平面的坐标转换情况如图 2.3 所示。

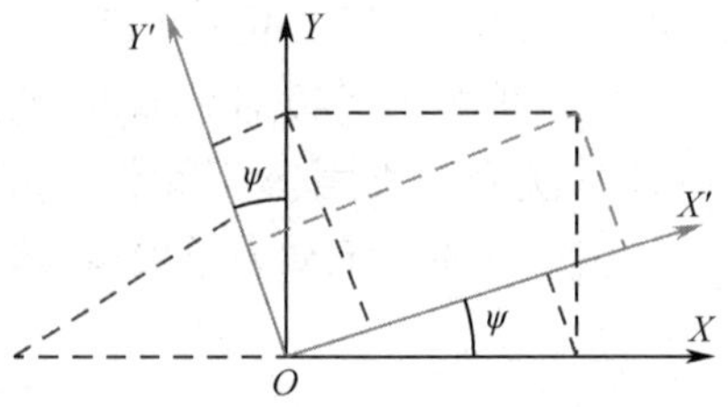

图 2.3 XOY 平面的坐标转换情况

由图 2.3 可知，任意坐标在新坐标系下的矢量投影与原坐标系旋转后的矢量投影一致。推导坐标转换关系可得

$$
\begin{aligned}
X' &= X\cos\psi + Y\sin\psi \\
Y' &= -X\sin\psi + Y\cos\psi \\
Z' &= Z
\end{aligned} \tag{2.1}
$$

坐标转换矩阵 $\boldsymbol{L}_\psi$ 为

$$
\boldsymbol{L}_\psi = \begin{bmatrix} \cos\psi & \sin\psi & 0 \\ -\sin\psi & \cos\psi & 0 \\ 0 & 0 & 1 \end{bmatrix} \tag{2.2}
$$

（2）绕 Y' 轴旋转角度 θ，如图 2.4 所示。

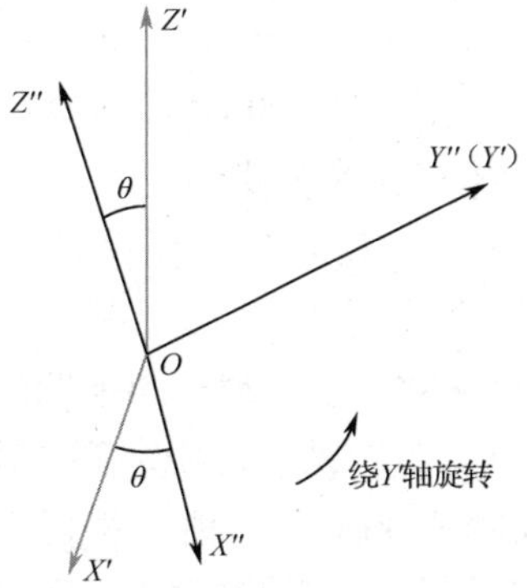

图 2.4　绕 Y' 轴旋转角度 θ 示意图

从 Y' 轴方向看，$X'OZ'$ 平面的坐标转换情况如图 2.5 所示。

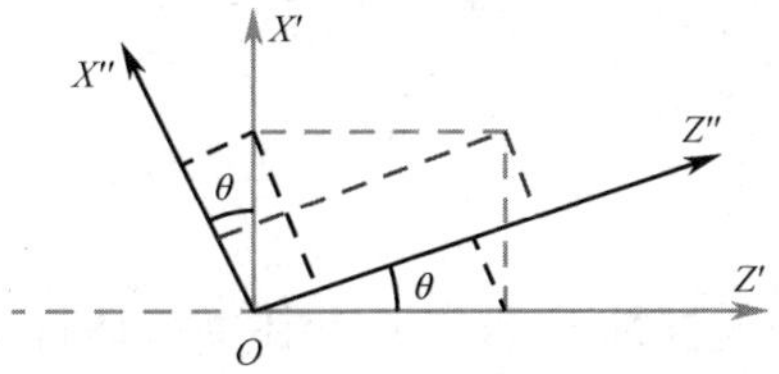

图 2.5　$X'OZ'$ 平面的坐标转换情况

经推导，坐标转换矩阵 $\boldsymbol{L}_\theta$ 为

$$
\boldsymbol{L}_\theta = \begin{bmatrix} \cos\theta & 0 & -\sin\theta \\ 0 & 1 & 0 \\ \sin\theta & 0 & \cos\theta \end{bmatrix} \tag{2.3}
$$

（3）绕 X'' 轴旋转角度 φ，如图 2.6 所示。

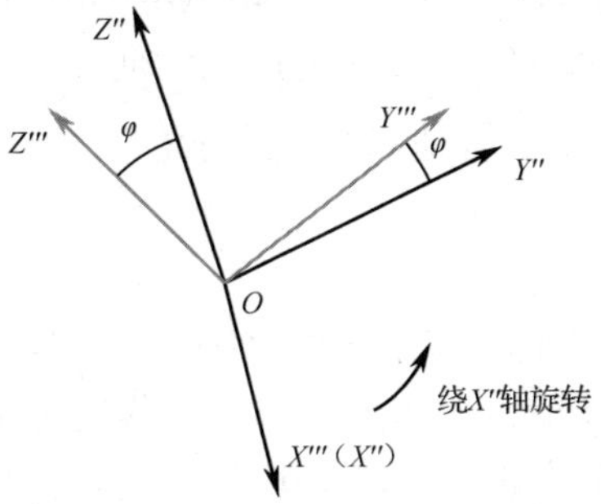

图 2.6　绕 X'' 轴旋转角度 φ 示意图

从 X''' 轴方向看，$Y'''OZ'''$ 平面的坐标转换情况如图 2.7 所示。

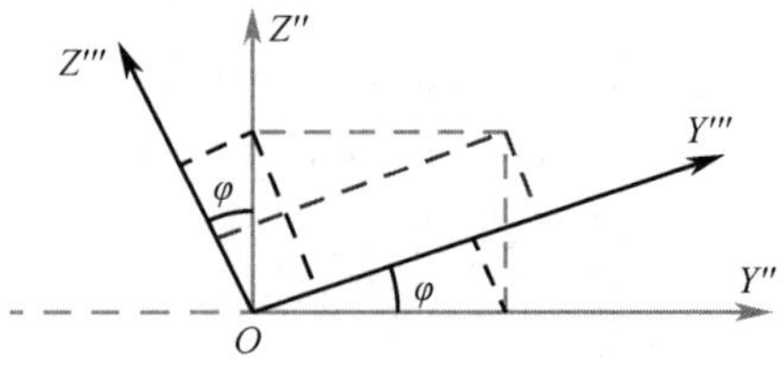

图 2.7　$Y'''OZ'''$ 平面的坐标转换情况

经推导，坐标转换矩阵 $\boldsymbol{L}_\varphi$ 为

$$\boldsymbol{L}_\varphi=\begin{bmatrix}1 & 0 & 0\\ 0 & \cos\varphi & \sin\varphi\\ 0 & -\sin\varphi & \cos\varphi\end{bmatrix} \tag{2.4}$$

综上所述，旋转三个欧拉角的坐标转换公式为

$$\boldsymbol{L}_\mathrm{o}=\boldsymbol{L}_\varphi\boldsymbol{L}_\theta\boldsymbol{L}_\psi \tag{2.5}$$

对坐标转换的总结如下。

（1）绕哪个轴投影，哪个轴的分量不变。剩余两个轴的分量分别乘以对应欧拉角的正余弦值（注意正负号），且以同一个轴为旋转轴的转换矩阵形式唯一。

（2）欧拉角旋转顺序一般为 Z 轴 — Y 轴 — X 轴，根据实际需要或惯例也可改变。

（3）在进行坐标转换时，先转换的坐标转换矩阵位于矩阵的右乘方向。

2.3　常用坐标系

2.3.1　常用坐标系定义

空间系绳系统作为地球的人造航天器，要对其进行研究需要有作为参考坐标系的地心惯性坐标系，以及描述航天器运动的运动坐标系。用于描述天体位置的天球坐标系使用得不多。

在空间系绳系统研究中使用的坐标系有地心赤道坐标系、地心轨道坐标系、地心轨道运动坐标系、轨道坐标系、系绳坐标系、主/半联动坐标系等。

1. 地心赤道坐标系

地心赤道坐标系 $OX_{\mathrm{eq}}Y_{\mathrm{eq}}Z_{\mathrm{eq}}$（见图 2-8）与地球固连，可作为地心惯性坐标系。其坐标原点 O 在地球质心处，X_{eq} 轴指向春分点（主点），Z_{eq} 轴方向与地球旋转轴方向一致（基圈为赤道，两极为天轴南北极），Y_{eq} 轴与其他两个轴构成右手坐标系。

2. 地心轨道坐标系

地心轨道坐标系 $OXYZ$ 的坐标原点 O 在地球质心处，X 轴指向航天器轨道近心点（对于圆轨道而言，该点为轨道面与赤道面的升交点，即航天器从南向北运动时与赤道面的交点），Z 轴沿着航天器轨道面法向且与其动量力矩矢量共轴，Y 轴与其他两个轴构成右手坐标系。

由于当轨道确定时近心点或升交点为定点，因此地心轨道坐标系是静坐标系。由于近心点或升交点是与轨道共面的，因此地心轨道坐标系实际上是作为地心赤道坐标系与地心轨道运动坐标系的过渡坐标系使用的。

3. 地心轨道运动坐标系

地心轨道运动坐标系 $OX_oY_oZ_o$（见图 2.8）的坐标原点 O 在地球质心处，X_o 轴沿着航天器向径方向，Z_o 轴沿着航天器轨道面法向且与其动量力矩矢量平行，Y_o 轴与其他两个轴构成右手坐标系。

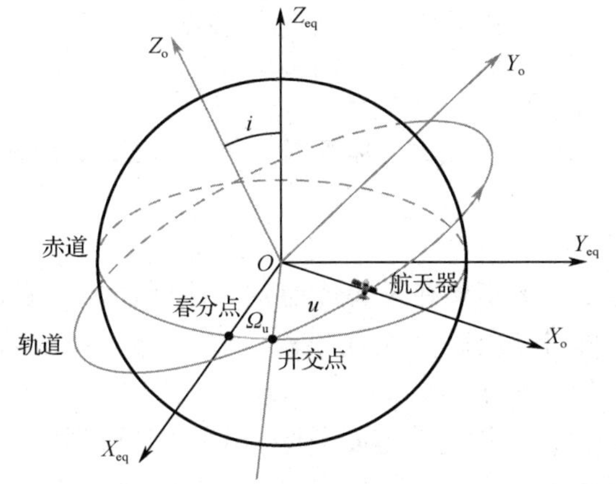

图 2.8　地心轨道运动坐标系与地心赤道坐标系的关系示意图

4. 轨道坐标系

轨道坐标系 $Cx_oy_oz_o$ 的坐标原点 C 在航天器质心处，各坐标轴与地心轨道运动坐标系 $OX_oY_oZ_o$ 各坐标轴平行，与地心轨道坐标系 $OXYZ$ 之间相差向径 $\boldsymbol{R}_0$，如图 2.9 所示。

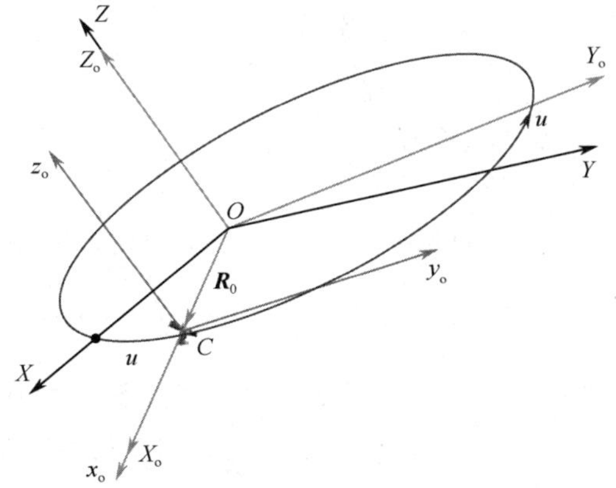

图 2.9　轨道坐标系与地心轨道运动坐标系和地心轨道坐标系的关系示意图

5. 基星系绳坐标系与子星系绳坐标系

基星系绳坐标系 $Cx_Ty_Tz_T$ 的坐标原点 C 在基站航天器质心处，x_T 轴沿着卫星拉紧系绳的反方向，y_T 轴、z_T 轴的位置由相对于轨道坐标系 $Cx_oy_oz_o$ 的偏离角 θ 和面外角 β 确定，如图 2.10

所示。子星系绳坐标系 $cx_t y_t z_t$ 的坐标原点 c 在子星质心处，各坐标轴与基星系绳坐标系 $Cx_T y_T z_T$ 各坐标轴平行。

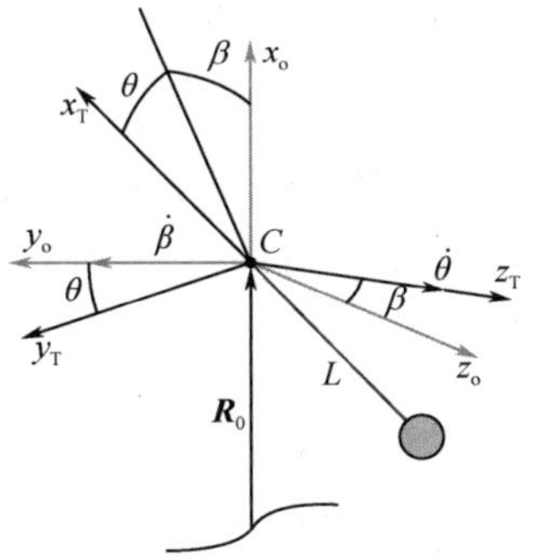

图 2.10　基星系绳坐标系与轨道坐标系的关系示意图

6. 主/半联动坐标系

主/半联动坐标系的坐标原点 c 在子星质心处。主联动坐标系 $cxyz$ 与子星系绳坐标系 $cx_t y_t z_t$ 相差三个欧拉角，即进动角 ψ 、章动角 α 和自转角 φ 。半联动坐标系 $cx_n y_n z_n$ 没有自转角，其他参数与主联动坐标系 $cxyz$ 一致。

如图 2.11 所示，进动角 ψ 平面与轨道面平行（沿着轨道面飞向或远离地球），章动角 α 平面与轨道面垂直（一般幅度不大，表现为上下小幅振动），自转角 φ 绕 x 轴转动。这三个角的定义与航迹坐标系下的偏航角、俯仰角、滚转角相似。

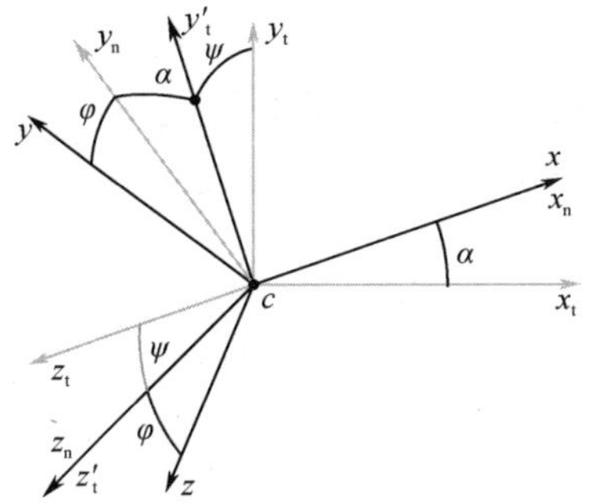

图 2.11　主联动坐标系与子星系绳坐标系的关系示意图

7. 联动坐标系

联动坐标系 $cx_1 y_1 z_1$ 的坐标原点 c 在子星质心处，各坐标轴与其壳体刚性地连接在一起。主联动坐标系 $cxyz$ 和联动坐标系 $cx_1 y_1 z_1$ 的转移矩阵由标准型确定，该标准型由卫星惯性力矩张量的特征值和特征矢量确定。

2.3.2　坐标转换矩阵

进行空间系绳系统研究主要涉及地心惯性坐标系（地心赤道坐标系和地心轨道坐标系）、主航天器坐标系（地心轨道运动坐标系和轨道坐标系）及从航天器坐标系（系绳坐标系和主/半联动坐标系）。在描述不同参量时，需要用到不同的坐标系，下面主要介绍上述三类坐标系之间的坐标转换矩阵。

（1）从地心赤道坐标系 $OX_{eq}Y_{eq}Z_{eq}$ 到地心轨道运动坐标系 $OX_oY_oZ_o$。

如图 2.8 所示，地心轨道运动坐标系与地心赤道坐标系相差三个角，即 Ω_u（升交点赤经）、i（轨道倾角）和 u（纬度自变量，即升交点相对于航天器的角度，其值为真近点角 f 与近地点幅角 ω 之和）。

旋转顺序为 Z_{eq} 轴 — X 轴 — Z_o 轴，先绕 Z_{eq} 轴旋转角度 Ω_u，然后绕 X 轴旋转角度 i，最后绕 Z_o 轴旋转角度 u。因此，坐标转换矩阵为

$$\boldsymbol{L}_o = \boldsymbol{L}_u \boldsymbol{L}_i \boldsymbol{L}_{\Omega_u} \tag{2.6}$$

式中，

$$\boldsymbol{L}_u = \begin{bmatrix} \cos u & \sin u & 0 \\ -\sin u & \cos u & 0 \\ 0 & 0 & 1 \end{bmatrix},\quad \boldsymbol{L}_i = \begin{bmatrix} 1 & 0 & 0 \\ 0 & \cos i & \sin i \\ 0 & -\sin i & \cos i \end{bmatrix},\quad \boldsymbol{L}_{\Omega_u} = \begin{bmatrix} \cos\Omega_u & \sin\Omega_u & 0 \\ -\sin\Omega_u & \cos\Omega_u & 0 \\ 0 & 0 & 1 \end{bmatrix}$$

（2）从轨道坐标系 $Cx_oy_oz_o$ 到基星系绳坐标系 $Cx_Ty_Tz_T$。

如图 2.10 所示，基星系绳坐标系与轨道坐标系相差两个角，即 θ 和 β。其中，θ 为偏离角，β 为面外角。这两个角的定义与航迹坐标系下的侧滑角和迎角相似。

旋转顺序为 y_o 轴 — z_T 轴，先绕 y_o 轴旋转角度 β，再绕 z_T 轴旋转角度 θ。因此，坐标转换矩阵为

$$\boldsymbol{L}_T = \boldsymbol{L}_\theta \boldsymbol{L}_\beta \tag{2.7}$$

式中，

$$\boldsymbol{L}_\beta = \begin{bmatrix} \cos\beta & 0 & -\sin\beta \\ 0 & 1 & 0 \\ \sin\beta & 0 & \cos\beta \end{bmatrix},\quad \boldsymbol{L}_\theta = \begin{bmatrix} \cos\theta & \sin\theta & 0 \\ -\sin\theta & \cos\theta & 0 \\ 0 & 0 & 1 \end{bmatrix}$$

（3）从子星系绳坐标系 $cx_Ty_Tz_T$ 到主联动坐标系 $cxyz$。

如图 2.11 所示，主联动坐标与子星系绳坐标系相差三个欧拉角，即进动角 ψ、章动角 α 和自转角 φ。

旋转顺序为 x_T 轴 — z_n 轴 — X 轴，先绕 x_T 轴旋转角度 ψ，然后绕 z_n 轴旋转角度 α，最后绕 x 轴旋转角度 φ。因此，坐标转换矩阵为

$$\boldsymbol{L} = \boldsymbol{L}_\varphi \boldsymbol{L}_\alpha \boldsymbol{L}_\psi \tag{2.8}$$

式中，

$$\boldsymbol{L}_\psi = \begin{bmatrix} 1 & 0 & 0 \\ 0 & \cos\psi & \sin\psi \\ 0 & -\sin\psi & \cos\psi \end{bmatrix},\quad \boldsymbol{L}_\alpha = \begin{bmatrix} \cos\alpha & \sin\alpha & 0 \\ -\sin\alpha & \cos\alpha & 0 \\ 0 & 0 & 1 \end{bmatrix},\quad \boldsymbol{L}_\varphi = \begin{bmatrix} 1 & 0 & 0 \\ 0 & \cos\varphi & \sin\varphi \\ 0 & -\sin\varphi & \cos\varphi \end{bmatrix}$$

（4）从主联动坐标系 $cxyz$ 到联动坐标系 $cx_1y_1z_1$。

从主联动坐标系到联动坐标系的坐标转换矩阵由联动坐标系下的卫星惯性力矩张量的特征值和特征矢量确定，即

$$\boldsymbol{I} = \begin{bmatrix} J_{x_1} & -J_{x_1y_1} & -J_{x_1z_1} \\ -J_{x_1y_1} & J_{y_1} & -J_{y_1z_1} \\ -J_{x_1z_1} & -J_{y_1z_1} & J_{z_1} \end{bmatrix} \tag{2.9}$$

式中，$J_{x_1}, J_{y_1}, J_{z_1}, J_{x_1y_1}, J_{x_1z_1}, J_{y_1z_1}$ 是联动坐标系下的卫星惯性力矩。

式（2.9）的特征值 $\lambda_1, \lambda_2, \lambda_3$ 可由式（2.10）确定，即

$$|\boldsymbol{I} - \lambda \boldsymbol{E}| = 0 \tag{2.10}$$

式中，$\boldsymbol{E}$ 为单位矩阵，矩阵特征值等于主联动坐标系下的卫星轴向惯性力矩。

式（2.9）的特征矢量 $\boldsymbol{V}^{(1)}, \boldsymbol{V}^{(2)}, \boldsymbol{V}^{(3)}$ 可由式（2.11）确定，即

$$(\boldsymbol{I} - \lambda_i \boldsymbol{E})\boldsymbol{V}^{(i)} = 0 \tag{2.11}$$

式中，$i = 1,2,3$。从主联动坐标系到联动坐标系的坐标转换矩阵为

$$\boldsymbol{L}_1 = \begin{bmatrix} \boldsymbol{V}_1^{(1)} & \boldsymbol{V}_1^{(2)} & \boldsymbol{V}_1^{(3)} \\ \boldsymbol{V}_2^{(1)} & \boldsymbol{V}_2^{(2)} & \boldsymbol{V}_2^{(3)} \\ \boldsymbol{V}_3^{(1)} & \boldsymbol{V}_3^{(2)} & \boldsymbol{V}_3^{(3)} \end{bmatrix} \tag{2.12}$$

2.4 空间系绳系统模型建立

本节研究如何基于哑铃模型利用第二类拉格朗日方程建立空间系绳系统模型。在描述系绳展开时，广泛使用在系绳坐标系下描述的动力学方程来描述系统运动。在建立模型时，将系绳看作不可伸展的刚性杆，建模示意图如图 2.12 所示。假定由系绳连接的两个航天器分别为基星和子星且整个空间系绳系统的质心为 C，m_1、m_2 分别为子星和基星的质量，L 为系绳长度，θ、β 分别为偏离角和面外角，R_C 为空间系绳系统质心的轨道半径。

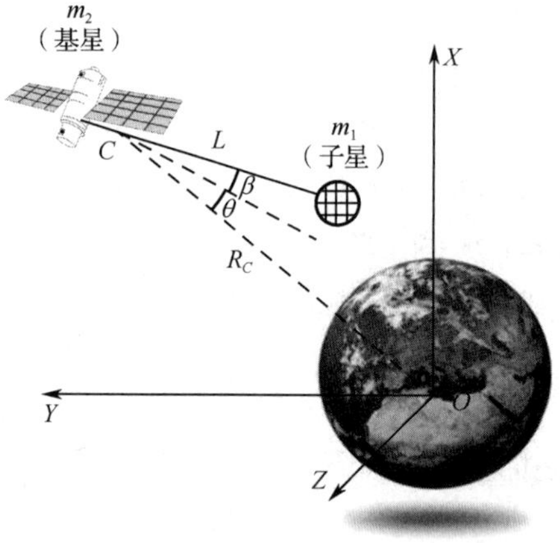

图 2.12　刚性杆建模示意图

$$\frac{\mathrm{d}}{\mathrm{d}t}\left(\frac{\partial T_C}{\partial \dot{q}_i}\right) - \frac{\partial T_C}{\partial q_i} = -\frac{\partial \Pi}{\partial q_i} + Q_i \quad (\ i = 1,2,3\ ) \tag{2.13}$$

式中，T_C、Π 分别为空间系绳系统的动能和势能；q_i、$\dot{q}_i$ 分别为广义坐标和广义速度；Q_i 为广义力。其中，$q_1 = L$，为系绳长度；$q_2 = \theta$，为偏离角；$q_3 = \beta$，为面外角。

考虑系绳质量的模型需要考虑系绳的线密度 ρ。基于此，引入以下假设：①基星质量远大于系绳质量与子星质量之和，即质心在基星处；②空间系绳系统的质心沿不变的圆轨道运动；③系绳始终张紧，即张力始终为正，且形状为直线。此时，若将系绳分成多个质点，则空间系绳系统的动能和势能将有如下形式：

$$
\begin{aligned}
T_C &= \frac{1}{2}\sum_{k=1}^{N} m_k(\dot{x}_k^2 + \dot{y}_k^2 + \dot{z}_k^2) \\
\Pi &= \frac{1}{2}\mu\sum_{k=1}^{N}\frac{m_k}{r_k}
\end{aligned} \tag{2.14}
$$

式中，μ 为地心引力常数。当 $k=1$ 时，$m_k = m_1$，为子星质量；当 k 为其他值时，m_k 为第 k 个质点的质量。若各质点的质量完全一致，则有

$$
\begin{aligned}
x_k &= x_{ok}\cos u - y_{ok}\sin u \\
y_k &= y_{ok}\cos u + x_{ok}\sin u \\
z_k &= z_{ok}
\end{aligned} \tag{2.15}
$$

式中，$x_{ok} = R_C - \Delta L_k \cos\theta\cos\varphi$；$y_{ok} = -\Delta L_k \sin\theta$；$z_{ok} = \Delta L_k \cos\theta\sin\varphi$；$\Delta L_k$ 是第 k 个质点到基星的距离。根据式（2.14）和式（2.15），可以先分别针对系绳的每个质点和子星导出系统的运动微分方程，然后将各运动微分方程相加。例如，对于第 k 个质点，若仅考虑势能力，则可得

$$
\begin{aligned}
m_k\ddot{L} &= m_k\Delta L_k(\dot{\theta}^2 + 2\dot{\theta}\Omega\cos\varphi - \Omega^2\cos^2\theta\sin^2\varphi + \\
&\quad \dot{\varphi}^2\cos^2\theta + \Omega\dot{\varphi}\sin\varphi\sin 2\theta + 3\Omega^2\cos^2\theta\cos^2\varphi) \\
m_k\Delta L_k^2\ddot{\theta} &= -2m_k\Delta L_k\dot{L}(\dot{\theta} + \Omega\cos\varphi) + m_k\Delta L_k^2(\Omega^2\sin\theta\cos\theta\sin^2\varphi - \\
&\quad \dot{\varphi}^2\sin\theta\cos\theta + 2\Omega\dot{\varphi}\cos^2\theta\sin\varphi - 3\Omega^2\sin\theta\cos\theta\cos^2\varphi) \\
m_k\Delta L_k^2\cos^2\theta\,\ddot{\varphi} &= -m_k\Delta L_k\dot{L}(2\dot{\varphi}\cos^2\theta + \Omega\sin 2\theta\sin\varphi) + \\
&\quad m_k\Delta L_k^2(\dot{\theta}\dot{\varphi}\sin 2\theta - 2\Omega\dot{\theta}\cos^2\theta\sin\varphi - 2\Omega^2\cos^2\theta\sin 2\varphi)
\end{aligned} \tag{2.16}
$$

式中，$m_k = \rho L/N-1$；$\Omega = \dot{u}$，为轨道角速度。除了重力势能力，空间系绳系统内部还存在非势能力张力，在每个质点上的力 $F_{\mathrm{r}} = \rho\dot{L}^2$。考虑空间系绳系统的偏心率及极限 $\lim\limits_{\mu\to\infty}\sum\limits_{k=1}^{\mu} k/\mu^2 = 1/2$ 和 $\lim\limits_{\mu\to\infty}\sum\limits_{k=1}^{\mu} k^2/\mu^3 = 1/3$，将所有质点的左右两边方程求和，可得

$$
\begin{aligned}
(m+\rho L)\ddot{L} &= \left(m + \frac{\rho L}{2}\right)L[\dot{\theta}^2 + (1-\nu^{-1})\dot{u}^2 + 2\dot{\theta}\dot{u}\cos\varphi - \dot{u}^2\cos^2\theta\sin^2\varphi + \dot{\varphi}^2\cos^2\theta + \\
&\quad \dot{u}\dot{\varphi}\sin\varphi\sin 2\theta + 3\nu^{-1}\dot{u}^2\cos^2\theta\cos^2\varphi] - T - \rho\dot{L}^2 \\
\left(m + \frac{\rho L}{3}\right)L^2\ddot{\theta} &= -2\left(m + \frac{\rho L}{2}\right)L\dot{L}(\dot{\theta} + \dot{u}\cos\varphi) + \left(m + \frac{\rho L}{3}\right)L^2(\dot{u}^2\sin\theta\cos\theta\sin^2\varphi - \\
&\quad \ddot{u}\cos\varphi - \dot{\varphi}^2\sin\theta\cos\theta + 2\dot{u}\dot{\varphi}\cos^2\theta\sin\varphi - 3\nu^{-1}\dot{u}^2\sin\theta\cos\theta\cos^2\varphi) \\
\left(m + \frac{\rho L}{3}\right)L^2\cos^2\theta\,\ddot{\varphi} &= -\left(m + \frac{\rho L}{2}\right)L\dot{L}(2\dot{\varphi}\cos^2\theta + \Omega\sin 2\theta\sin\varphi) + \\
&\quad \left(m + \frac{\rho L}{3}\right)L^2(\dot{\theta}\dot{\varphi}\sin 2\theta - 2\Omega\dot{\theta}\cos^2\theta\sin\varphi - 2\Omega^2\cos^2\theta\sin 2\varphi)
\end{aligned} \tag{2.17}
$$

当空间系绳系统位于非圆轨道上时，需要考虑偏心率带来的影响。基于此，在对动能进行微分并确定重力时，必须考虑椭圆轨道半径矢量的变化。此时，模型需要额外考虑真近点角的变化，即空间系绳系统质心在轨道上的位置，即

$$
\begin{aligned}
&-R_C\dot{u}^2L\sin\theta\cos\varphi+\frac{\mu}{r^3}R_CL\sin\theta\cos\varphi=-R_C\dot{u}^2L\sin\theta\cos\varphi+\\
&\qquad\frac{\mu}{R_C^3}\left(1+\frac{3L}{R_C}\cos\theta\cos\varphi+\cdots\right)R_CL\sin\theta\cos\varphi \\
&\qquad=(\nu^{-1}-1)R_C\dot{u}^2L\sin\theta\cos\varphi+\\
&\qquad 3\nu^{-1}\dot{u}^2L^2\sin\theta\cos\theta\cos^2\varphi+\cdots
\end{aligned}\tag{2.18}
$$

式中，轨道速度的径向分量$\nu=1+e\cos u$，其中e为轨道偏心率；$R_C=p/\nu$，$p=A(1-e^2)$，A为轨道半长轴。当轨道为椭圆轨道（$0<e<1$）时，在对动能进行微分时减少了第一项。基于已知的中心引力场中不受扰动的轨道运动方程可以得到$R_C\ddot{u}+2\dot{R}_C\dot{u}=0$，$\ddot{R}_C+(\nu^{-1}-1)R_C\dot{u}^2=0$。因此，椭圆轨道下的空间系绳系统动力学方程可以写为

$$
\begin{aligned}
&(m+\rho L)\ddot{L}=\left(m+\frac{\rho L}{2}\right)L[\dot{\theta}^2+(1-\nu^{-1})\dot{u}^2+2\dot{\theta}\dot{u}\cos\varphi-\dot{u}^2\cos^2\theta\sin^2\varphi+\dot{\varphi}^2\cos^2\theta+\\
&\qquad\dot{u}\dot{\varphi}\sin\varphi\sin2\theta+3\nu^{-1}\dot{u}^2\cos^2\theta\cos^2\varphi]-T-\rho\dot{L}^2\\
&\left(m+\frac{\rho L}{3}\right)L^2\ddot{\theta}=-2\left(m+\frac{\rho L}{2}\right)L\dot{L}(\dot{\theta}+\dot{u}\cos\varphi)+\left(m+\frac{\rho L}{3}\right)L^2(\dot{u}^2\sin\theta\cos\theta\sin^2\varphi-\\
&\qquad\ddot{u}\cos\varphi-\dot{\varphi}^2\sin\theta\cos\theta+2\dot{u}\dot{\varphi}\cos^2\theta\sin\varphi-3\nu^{-1}\dot{u}^2\sin\theta\cos\theta\cos^2\varphi)\\
&\left(m+\frac{\rho L}{3}\right)L^2\cos^2\theta\ddot{\varphi}=-\left(m+\frac{\rho L}{2}\right)L\dot{L}(2\dot{\varphi}\cos^2\theta+\dot{u}\sin2\theta\sin\varphi)+\\
&\qquad\left(m+\frac{\rho L}{3}\right)L^2(\dot{\theta}\dot{\varphi}\sin2\theta-2\dot{u}\dot{\theta}\cos^2\theta\sin\varphi-2\dot{u}^2\cos^2\theta\sin2\varphi)
\end{aligned}\tag{2.19}
$$

升交角距的一阶微分方程、二阶微分方程分别为

$$
\frac{\mathrm{d}u}{\mathrm{d}t}=\sqrt{\frac{\mu}{p^3}}(1+e\cos u)^2,\ \frac{\mathrm{d}^2u}{\mathrm{d}t^2}=-\frac{2\mu}{p^3}e\sin u \tag{2.20}
$$

若进一步忽略系绳质量，则可将上述动力学方程简化为

$$
\begin{aligned}
&m\ddot{L}=mL[\dot{\theta}^2+(1-\nu^{-1})\dot{u}^2+2\dot{\theta}\dot{u}\cos\varphi-\dot{u}^2\cos^2\theta\sin^2\varphi+\dot{\varphi}^2\cos^2\theta+\\
&\qquad\dot{u}\dot{\varphi}\sin\varphi\sin2\theta+3\nu^{-1}\dot{u}^2\cos^2\theta\cos^2\varphi]-T\\
&mL^2\ddot{\theta}=-2mL\dot{L}(\dot{\theta}+\dot{u}\cos\varphi)+mL^2(\dot{u}^2\sin\theta\cos\theta\sin^2\varphi-\\
&\qquad\ddot{u}\cos\varphi-\dot{\varphi}^2\sin\theta\cos\theta+2\dot{u}\dot{\varphi}\cos^2\theta\sin\varphi-3\nu^{-1}\dot{u}^2\sin\theta\cos\theta\cos^2\varphi)\\
&mL^2\cos^2\theta\ddot{\varphi}=-mL\dot{L}(2\dot{\varphi}\cos^2\theta+\dot{u}\sin2\theta\sin\varphi)+\\
&\qquad mL^2(\dot{\theta}\dot{\varphi}\sin2\theta-2\dot{u}\dot{\theta}\cos^2\theta\sin\varphi-2\dot{u}^2\cos^2\theta\sin2\varphi)
\end{aligned}\tag{2.21}
$$

若进一步分析空间系绳系统质心的运动在开普勒圆轨道上这一特殊情况（$\Omega=\dot{u}$，为圆轨道角速度；$\ddot{u}=0$），则可将上述动力学方程简化为

$$
\begin{aligned}
&m\ddot{L}=mL[\dot{\theta}^2+2\dot{\theta}\Omega\cos\varphi-\Omega^2\cos^2\theta\sin^2\varphi+\dot{\varphi}^2\cos^2\theta+\\
&\qquad\Omega\dot{\varphi}\sin\varphi\sin2\theta+3\Omega^2\cos^2\theta\cos^2\varphi]-T\\
&mL^2\ddot{\theta}=-2mL\dot{L}(\dot{\theta}+\Omega\cos\varphi)+mL^2(\Omega^2\sin\theta\cos\theta\sin^2\varphi-\\
&\qquad\dot{\varphi}^2\sin\theta\cos\theta+2\Omega\dot{\varphi}\cos^2\theta\sin\varphi-3\Omega^2\sin\theta\cos\theta\cos^2\varphi)\\
&mL^2\cos^2\theta\ddot{\varphi}=-mL\dot{L}(2\dot{\varphi}\cos^2\theta+\Omega\sin2\theta\sin\varphi)+\\
&\qquad mL^2(\dot{\theta}\dot{\varphi}\sin2\theta-2\Omega\dot{\theta}\cos^2\theta\sin\varphi-2\Omega^2\cos^2\theta\sin2\varphi)
\end{aligned}\tag{2.22}
$$

若忽略轨道的面外运动，即 $\varphi=\dot{\varphi}=0$，则可将上述动力学方程简化为

$$\begin{aligned}\ddot{L}&=L[(\dot{\theta}+\Omega)^2-\Omega^2(1-3\cos^2\theta\cos^2\varphi)]-\frac{T}{m}\\ \ddot{\theta}&=-2\frac{\dot{L}}{L}(\dot{\theta}+\Omega)-3\Omega^2\sin\theta\cos\theta\end{aligned}\qquad(2.23)$$

引入无量纲时间 $\tau=\Omega t$，其中 Ω 为空间系绳系统质心的轨道角速度，可导出空间系绳系统的无量纲动力学方程，即

$$\begin{aligned}L''&=L[(\theta'+1)^2-(1-3\cos^2\theta)]-\frac{T}{m\Omega^2}\\ \theta''&=-2\frac{L'}{L}(\theta'+1)-\frac{3}{2}\sin 2\theta\end{aligned}\qquad(2.24)$$

以上就是空间系绳系统哑铃模型的建立过程。

2.5　数值积分方法对建模精度的影响

本节研究地心轨道运动坐标系下空间系绳系统平面运动的数学模型。模型基本假设如下。

（1）球形中心重力场。

（2）基站航天器的质量远大于小航天器的质量。

（3）基站航天器沿固定的圆轨道运动。

（4）系绳无质量，总是张紧的，不可伸展且形状近似为直线。

这个数学模型（2.23）可写为如下形式：

$$\frac{\mathrm{d}\theta}{\mathrm{d}t}=\omega\qquad(2.25)$$

$$\frac{\mathrm{d}\omega}{\mathrm{d}t}=-2\frac{V}{L}(\omega+\Omega)-\frac{3}{2}\Omega^2\sin 2\theta\qquad(2.26)$$

$$\frac{\mathrm{d}L}{\mathrm{d}t}=V\qquad(2.27)$$

$$\frac{\mathrm{d}V}{\mathrm{d}t}=L[(\omega+\Omega)^2-\Omega^2(1-3\cos^2\theta)]-\frac{T}{m}\qquad(2.28)$$

式中，θ、ω 分别为系绳相对于地垂线的偏离角和偏离角速度；L、V 分别为系绳的释放长度和速度；Ω 为基站航天器沿圆轨道运动的角速度；m 为小航天器的质量；T 为系绳张力，由所采用的展开控制律确定，为已知定值或其他变量函数。

本节的任务是计算给定系绳张力变化规律的空间系绳系统展开过程动力学响应及根据龙格-库塔法则选取数值积分方法的参数。因为计算时不考虑系绳的弹性和控制机构的工作，所以最好采用定步长积分方法。因此，根据龙格-库塔法则必须选取与给定误差相符的积分步长。

采用本书提供的程序源代码中的程序 Work2.xmcd 来完成本任务。在程序中设置所有恒量和其他输入信息，展开控制律（系绳张力 T ）除外。

式（2.25）～式（2.28）的等号右边利用向量-函数进行计算，即

$$f(\boldsymbol{y},t)=\begin{bmatrix} y_1 \\ -2\cdot\dfrac{y_3}{y_2}\cdot(\Omega+y_1)-1.5\cdot\Omega^2\cdot\sin(2\cdot y_0) \\ y_3 \\ y_2[(y_1+\Omega)^2-\Omega^2\cdot(1-3\cdot\cos(y_0)\cdot\cos(y_0))]-\dfrac{T(y_2,y_3,t)}{m} \end{bmatrix}$$

上式中的变量与 $\boldsymbol{y}=(y_0,y_1,y_2,y_3)^{\mathrm{T}}=(\theta,\omega,L,V)^{\mathrm{T}}$ 中的变量相对应，展开控制律为 $T(L,V,t)$，其表达式为

$$T(L,V,t)=m\Omega^2\left(aL-b\frac{V}{\Omega}-cL_k\right) \tag{2.29}$$

式中，a、b、c 为展开控制律参数；L_k 为系绳的最终长度。

假设式（2.29）所示的展开控制律取如下参数：$L_k=3000\text{m}$，$a=4.6$，$b=3.5$，$c=1.6$。控制律的参数根据边值问题解来选择：在系绳展开给定长度 L_k 时，小航天器以零相对速度与零角速度通过地垂线位置。下面介绍本节任务更精确的求解方法。

定步长积分的计算精度通过将恒量设置为较大值来保证，如 $D=10^{10}$，同时设置 step=step max。为了选取积分步长，设置系绳的最终长度和展开速度的计算精度：$\bar{\delta}_L=0.1\text{m}$，$\bar{\delta}_V=0.01\text{m/s}$。利用程序 Work2.xmcd 进行一系列计算，相应的参数为 $\text{step}=\text{step max}=h$，$t_k=6000\text{s}$，$D=10^{10}$，按照 $h=1\text{s}$、$h=0.5\text{s}$、$h=0.25\text{s}$、$h=0.125\text{s}$ 来改变积分步长，应用式（1.68）建立表 2.1。由表 2.1 中的结果可知，在 $h=0.5\text{s}$ 时，满足给定的条件 $\delta_L<\bar{\delta}_L$，$\delta_V<\bar{\delta}_V$。进一步缩小积分步长，并关注误差变化特点；在 $h=0.25\text{s}$ 时，误差继续减小；在 $h=0.125\text{s}$ 时，误差反而增大。这说明，在这种情况下采用该数值积分方法不可能得到本系统更精确的计算精度。计算误差基本上与计算机的计算精度限制有关。如果在缩小积分步长时方法误差（离散化误差）一直减小，那么计算误差近似停留在同一级别。根据龙格-库塔法则，当这些误差开始处于同一数量级时，确定的误差将开始变得没有规律性。在这种情况下，要想进一步减小误差，只能采用具有更高精度阶次的数值积分方法。

表 2.1　计算精度

数值	h/s	δ_L/m	δ_V/（m/s）	δ_θ/（°）	δ_ω/s^{-1}
1	1	0.178	1.4×10^{-3}	3.8×10^{-3}	5.5×10^{-7}
2	0.5	8.5×10^{-4}	6.0×10^{-5}	1.5×10^{-4}	2.9×10^{-8}
3	0.25	4.2×10^{-5}	7.9×10^{-7}	2.1×10^{-6}	3.0×10^{-9}
4	0.125	1.5×10^{-4}	1.8×10^{-6}	1.4×10^{-6}	3.8×10^{-9}

2.6　小结

本章介绍了空间系绳系统的常用坐标系及坐标转换方法；利用第二类拉格朗日方程建立了空间系绳系统动力学模型；利用简化的数学模型在 MathCAD 软件中对给定系绳张力变化规

律的展开过程进行了仿真计算，根据龙格-库塔法则选取了数值积分方法的参数并进行了相关分析。

练习题

1. 分别按照下列初始条件，研究空间系绳系统展开过程的动力学特性，并给出系绳偏离角、角速率，系绳面外角、角速率，系绳长度、展开速率，以及系绳张力变化曲线。

（1）以恒定的系绳张力展开，即 $T = \text{const}$ 。取 $t_k = 4000\text{s}$ ，$T = 0.02\text{N}$ ；给定误差 $\overline{\delta}_L = 1\text{m}$ ，$\overline{\delta}_V = 0.01\text{m/s}$ 。

（2）继电展开控制律为

$$T = \begin{cases} T_{\min} & (t < t_p) \\ T_{\max} & (t \geqslant t_p) \end{cases}$$

式中，$T_{\min}$ 、$T_{\max}$ 、t_p 为控制律参数。取 $T_{\min} = 0.02\text{N}$ ，$T_{\max} = 0.8\text{N}$ ，$t_p = 4500\text{s}$ ，$t_k = 4915\text{s}$ ；给定误差 $\overline{\delta}_L = 0.5\text{m}$ ，$\overline{\delta}_V = 0.01\text{m/s}$ 。

（3）小航天器自由运动，即 $T = 0\text{N}$ 。取 $t_k = 2500\text{s}$ ；给定误差 $\overline{\delta}_L = 0.5\text{m}$ ，$\overline{\delta}_V = 0.01\text{m/s}$ 。

（4）展开控制律为

$$T = m\varOmega^2 L^p$$

式中，p 为控制律参数。取 $t_k = 2500\text{s}$ ，$p = 0.9$ ；给定误差 $\overline{\delta}_L = 0.5\text{m}$ ，$\overline{\delta}_V = 0.01\text{m/s}$ 。

（5）恒速展开控制律为

$$T = mL[(\omega + \varOmega)^2 - \varOmega^2(1 - 3\cos^2\theta)]$$

取 $t_k = 50000\text{s}$ ；给定误差 $\overline{\delta}_L = 1\text{m}$ 。

（6）展开控制律为

$$T = 3m\varOmega^2 L\cos^2\theta$$

取 $t_k = 6000\text{s}$ ；给定误差 $\overline{\delta}_L = 1\text{m}$ 。

（7）展开控制律为

$$T = 2m\varOmega^2 L\cos\theta\left(1 - \frac{3}{4}\sin^2\theta\right)$$

取 $t_k = 3000\text{s}$ ；给定误差 $\overline{\delta}_L = 0.5\text{m}$ ，$\overline{\delta}_V = 0.01\text{m/s}$ 。

（8）展开控制律为

$$T(L,V,t) = m\varOmega^2\left(aL - b\frac{V^p}{\varOmega} - cL_k\right)$$

取 $t_k = 90000\text{s}$ ，$L_k = 75000\text{m}$ ，$a = 4.6$ ，$b = 37$ ，$c = 1.6$ ；给定误差 $\overline{\delta}_L = 0.5\text{m}$ ，$\overline{\delta}_V = 0.01\text{m/s}$ 。

2. 列出 MathCAD 软件中空间系绳系统仿真程序的主要模块，并说明其用途。

3. 使用 MathCAD 软件列出初始条件以形成系统数学模型［见式（1.62）］的初始问题。

4. 系统的状态变量是什么？列出本章所求问题的状态变量。

5. 本章采用的数值积分方法是什么？它的实质是什么？

6. 什么是数值积分方法的精度阶次？它决定了什么？

7. 显式积分方法与隐式积分方法的区别是什么？

8. 单步长积分方法与多步长积分方法的区别是什么？
9. 变步长积分的费尔贝格算法归结为何种方法？
10. 积分步长选取的龙格-库塔法则归结为何种方法？
11. 积分步长自动选取的恒量应该如何设置？
12. 当积分步长较小时，积分误差不规律的原因是什么？

第 3 章　空间系绳系统向垂直位置的标称展开程序计算

3.1　引言

空间系绳系统的垂直位置（轨道面内主星与地球质心的连线和星间连线的夹角为零）是空间系绳系统的稳定平衡点。研究表明，当此位置处存在面内初始摄动时，空间系绳系统既不会发散也不会收敛，只在此位置附近做小幅振荡。因此，可以将系绳在该平衡点处展开。

空间系绳系统展开控制方式根据被控变量可分为绳长控制、速率控制、张力控制、推进力辅助控制等。其中，张力控制方式和速率控制方式应用比较广泛。张力控制方式通过控制系绳张力变化来达到稳定展开系绳的目标，其优势在于能够有效地限制系绳承受的张力，精度较高。张力控制方式由于形式简单、控制效果好，因此已经成为主流控制方式。

对于参数优化方法，为了保证满足载荷运动的终端条件，通常采用非线性规划方法。为了求解所建立的系绳模型的微分方程，确定系绳的长度范围，建立大的系绳模型时需要满足某些指定的边界条件，因此必须求解一系列边值问题，并且保证控制机构的系绳释放速度和系绳张力满足限制条件。对此，可以采用非线性规划方法——下山单纯形算法（又称 Nelder-Mead 算法），搜寻目标函数的最小值。本章研究空间系绳系统向垂直位置的标称展开程序建立方法，并利用建立的程序对空间系绳系统向垂直位置展开的边值问题进行求解。

3.2　展开过程概述

为了使空间系绳系统向垂直位置展开，需要先建立空间系绳系统的标称展开程序，即要预先设计空间系绳系统的运动轨迹。一般来说，空间系绳系统的标称展开程序可以采用动力学控制律建立，也可以采用运动学控制律建立。动力学控制律给出的是系绳张力 T 随时间或其他系统变量的变化律，而运动学控制律给出的是系绳展开长度 $L(t)$ 与时间的关系。这两种控制律也可以同时采用。在空间系绳系统控制律的研究中，Belesdy 和 Rupp 的研究最具有代表性，Rupp 提出了很有效的系绳张力控制律。1975 年，美国的马歇尔太空飞行中心的 Rupp 提出了柔线张力控制算法[42-43]。该算法为许多后来的学者所推崇。Rupp 的思想是，改变和控制柔线的张力，使其是系绳长度、系绳释放速度及系绳期望长度设定值的线性函数，即

$$T = k_1 L + k_2 \dot{L} + k_3 L_k \tag{3.1}$$

在 YES2 实验中，空间系绳系统在系绳展开的第一阶段采用系绳末端载荷运动轨迹是圆圈的控制律将系绳展开到垂直位置。这一阶段动力学控制律的表达式（系绳第一阶段展开的最终长度 $L_k = 3\text{km}$）：

$$T = m\Omega^2 \left(6L + 4\frac{V}{\Omega} - 3L_k \right) \tag{3.2}$$

事实上关于系绳展开的控制律是多种多样的。由于本章采用张力控制方式来展开系绳，因此本章主要对张力控制律的设计和改进进行详述。基于张力控制律的要求，在系绳展开过程中，系绳张力和系绳展开速度都必须是非负的。在系绳展开过程中，要求系绳展开速度$V \geqslant 0$，并且满足边值条件$V(t_k)=0$，$L(t_k)=L_k$，$\dot{\theta}(t_k)=0$，$\theta(t_k)=0$。

3.3 展开控制律设计

3.3.1 最优振荡阻尼控制律

对哑铃模型进行无量纲化处理，取无量纲绳长$l=L/L_k$，则动力学方程［见式（2.24）］可写为

$$l''=l[(\theta'+1)^2-(1-3\cos^2\theta)]-\tilde{T} \tag{3.3}$$

$$\theta''=-2\frac{l'}{l}(\theta'+1)-\frac{3}{2}\sin 2\theta \tag{3.4}$$

式中，

$$\tilde{T}=\frac{T}{m\Omega^2 L_k} \tag{3.5}$$

L_k为给定系绳长度，即最终展开绳长。

系绳展开阶段的任务是在地垂线平衡位置将系绳展开L_k。对应地，空间系绳系统的状态量$(l,\dot{l},\theta,\dot{\theta})$存在变化$(0,v_0,0,0)\Rightarrow(1,0,0,0)$，其中$v_0$为子星的初始释放速度，通常由基星中的系绳释放机构执行释放操作时的弹射速度决定。

在平衡位置$(l,\dot{l},\theta,\dot{\theta})=(1,0,0,0)$处，对系统进行线性化，为了方便计算，将平衡点平移至$(l,\dot{l},\theta,\dot{\theta})=(0,0,0,0)$处，将系统状态量改写为$(y_1,y_2,y_3,y_4)$，有

$$y_1=l-1,\quad y_2=\dot{l},\quad y_3=\theta,\quad y_4=\dot{\theta} \tag{3.6}$$

将无量纲系统模型写成微分方程形式为

$$\begin{aligned}
\dot{y}_1&=y_2\\
\dot{y}_2&=(1+y_4)^2(y_1+1)+(3\cos^2 y_3-1)(y_1+1)-\tilde{T}\\
\dot{y}_3&=y_4\\
\dot{y}_4&=\frac{-2y_2}{y_1+1}-\frac{3}{2}\sin 2y_3
\end{aligned} \tag{3.7}$$

采用张力控制方式，设计张力控制律为

$$\tilde{T}=k_1y_1+k_2y_2+k_3 \tag{3.8}$$

式中，k_1、k_2、k_3为控制律参数。

将上述形式的张力控制律代入无量纲标称线性化模型，即式（3.7），可以得到闭环系统的状态方程为

$$\begin{Bmatrix}\dot{y}_1\\\dot{y}_2\\\dot{y}_3\\\dot{y}_4\end{Bmatrix}=\begin{bmatrix}0&1&0&0\\3-k_1&-k_2&0&2\\0&0&0&1\\0&-2&-3&0\end{bmatrix}\begin{Bmatrix}y_1\\y_2\\y_3\\y_4\end{Bmatrix}+\begin{Bmatrix}0\\3-k_3\\0\\0\end{Bmatrix} \tag{3.9}$$

从状态方程中可以看出，控制律参数 k_3 未出现在特征矩阵中，对系统的稳定性没有影响。根据系绳展开的任务要求，当展开完成时有 $L = L_k$ ，$\dot{L} = 0$ ，对于无量纲化的状态量有 $y_1 = 0$ ，$y_2 = 0$ 。为了简化分析，可使状态方程中的 $3 - k_3$ 项为 0，即取

$$k_3 = 3 \tag{3.10}$$

根据特征矩阵可以得到闭环系统的特征多项式为

$$\det\begin{bmatrix} \lambda & -1 & 0 & 0 \\ k_1 - 3 & \lambda + k_2 & 0 & -2 \\ 0 & 0 & \lambda & -1 \\ 0 & 2 & 3 & \lambda \end{bmatrix} = \lambda^4 + k_2\lambda^3 + (4 + k_1)\lambda^2 + 3k_2\lambda + 3k_1 - 9 \tag{3.11}$$

由此可得，特征多项式系数为

$$\begin{cases} a_0 = 3k_1 - 9 \\ a_1 = 3k_2 \\ a_2 = 4 + k_1 \\ a_3 = k_2 \\ a_4 = 1 \end{cases} \tag{3.12}$$

根据劳斯–赫尔维茨判据可得，闭环系统的稳定条件为

$$\begin{cases} a_3 > 0 \\ a_3 a_2 > a_1 a_4 \\ a_3 a_2 a_1 > {a_1}^2 + {a_3}^2 a_0 \\ a_0 > 0 \end{cases} \tag{3.13}$$

因此，使系统稳定的参数 k_1 、k_2 的取值范围为

$$\begin{cases} k_1 > 3 \\ k_2 > 0 \end{cases} \tag{3.14}$$

根据上述稳定性分析可得，空间系绳系统的无量纲标称张力控制律为

$$\tilde{T} = k_1 y_1 + k_2 y_2 + 3 \tag{3.15}$$

为了更清晰地描述模型中各状态量的实际情况，将空间系绳系统的无量纲标称张力控制律转换为有量纲形式，得到基于张力控制方式的空间系绳系统的最优振荡阻尼控制律为

$$\begin{aligned} T &= m\Omega^2 L_k \tilde{T} \\ &= m\Omega^2 L_k \left[k_1\left(\frac{L}{L_k} - 1\right) + k_2 \frac{\mathrm{d}(L/L_k)}{\mathrm{d}\tau} + 3 \right] \\ &= m\Omega^2 L_k \left[a\cdot\left(\frac{L}{L_k} - 1\right) + b\cdot\frac{\mathrm{d}(L/L_k)}{\Omega\mathrm{d}t} + 3 \right] \\ &= m\Omega^2 \left[a\cdot L + b\cdot\frac{\dot{L}}{\Omega} + (3 - a)L_k \right] \end{aligned} \tag{3.16}$$

式中，

$$k_1 = a > 3，\ k_2 = b > 0 \tag{3.17}$$

最优振荡阻尼控制律的一般形式如下：

$$T = m\Omega^2\left(aL + b\frac{V}{\Omega} - cL_k\right) \tag{3.18}$$

式中，T 为柔性系绳的张力；m 为等效质量；L 为系绳实时长度；L_k 为系绳期望展开长度；V 为系绳实时展开速度；Ω 为圆轨道上的航天器运动角速度；a、b、c 为控制律参数。

在一般情况下，$a - c = 3$。a、b 需要先满足式（3.17）所示的约束条件，控制律参数的具体值可通过求解优化参数得到，进而得到控制律的具体表达形式，利用该具体控制律，才能稳定展开系绳。

3.3.2 大长度空间系绳系统的展开控制律

不同空间实验对系绳长度的需求各不相同，某些特殊的空间实验项目要求系绳展开比较大的长度，如带大气探测器的空间系绳系统在探测高度为 120km 的近地空间时就需要释放较长的系绳。如果航天器的轨道高度约为 300km，那么系绳要展开约 200km 才能对高层大气进行检测。此时就需要对最优振荡阻尼控制律进行改进，以适应大长度空间系绳系统的展开过程。

1. 考虑系绳质量的张力控制律

当将大长度空间系绳系统展开到地垂线位置时，系绳质量是不能忽略的，对此在设计张力控制律时必须考虑系绳质量。在式（3.18）中加入系绳质量修正项，可得到大长度空间系绳系统的张力控制律，即

$$T = \left(m + \frac{\rho L}{2}\right)\Omega^2\left(aL + b\frac{V}{\Omega} - cL_k\right) \tag{3.19}$$

式中，ρ 为系绳的线密度。

当系绳比较长时，参数 a、b、c 的边值条件为

$$L(t_k) = L_k\,,\quad V(t_k) = 0\,,\quad \theta(t_k) = 0\,,\quad \dot{\theta}(t_k) = 0$$

上式的解表明，张力控制律［见式（3.19）］需要进行修正，引入一个附加参数，即

$$T = \left(m + \frac{\rho L}{2}\right)\Omega^2\left[aL + b\frac{V^p}{\Omega} - cL_k\right] \tag{3.20}$$

式中，p 表示附加参数。

在张力控制律中，参数 a、c 主要影响系绳展开的终端位置，可以通过改变参数 b、p，调整空间系绳系统的展开轨迹。采用下山单纯形算法求解，可以获得参数 b、p 的优化值，进而可以获得考虑系绳质量的空间系绳系统的标称展开控制律。

2. 多阶段展开控制律

对于大长度空间系绳系统，系绳展开的目标长度大，若运用张力控制律［见式（3.20）］展开，则 L_k 过大，展开开始时系绳张力 T 太小，最终会导致系绳释放的最大速度过大，不利于稳定展开系绳。针对此问题，解决方法是将系绳分为 N 个阶段展开，重复运用 N 次张力控制律［见式（3.20）］，其中 $L_k = L_1, L_2, \cdots, L_N$ 为每个阶段系绳展开的目标长度。系绳展开的每个阶段都有加速和制动两个过程，可以有效地将系绳释放的最大速度限制在一定范围内。

在满足约束 $T > 0$ 和 $V < V_{\max}$ 的条件下，利用遗传算法进行优化就可以得到 $L_1, L_2, \cdots, L_N$ 的值。

3. 加速—定速—制动展开控制律

多阶段展开控制律可以将小航天器展开到指定的平衡位置，同时克服了一次展开速度过

大的问题，提高了空间系绳系统的可靠性，但是系绳的展开时间会变长。针对此问题，解决方法是开始时将系绳展开速度增大到适当值，并保持该速度快速展开，在到达预定长度时制动，使速度减小为零，这样既克服了一次展开速度过大的问题，又避免了多次展开时间长的问题。基于该思想，有学者提出了适用于大长度空间系绳系统的加速—定速—制动展开控制律。

系绳的加速—定速—制动展开分为三个阶段，即加速段、定速段、制动段。在系绳张力取最小可能值时，系绳将以最大可能速度释放，因此加速段的控制律取 $T=T_{\min}$。如果系绳张力在满足 $\ddot{l}=0$ 的条件下确定，则系绳能够保证定速展开。当在最后一个阶段采用带给定的系绳最终长度 L_k 的控制律［见式（3.19）］（为与 T 区分，用 $T(L_k)$表示）时，系绳将可以平滑制动。据此，加速—定速—制动展开控制律将具有如下形式：

$$T=\begin{cases}T_{\min} & (\dot{L}\leqslant V_{\max})\\ T_{\text{const}} & (L\leqslant L_{\text{n}})\\ T(L_k) & (L>L_{\text{n}})\end{cases} \tag{3.21}$$

式中，$T_{\text{const}}=\left(m+\dfrac{\rho L}{2}\right)L[(\dot{\theta}+\Omega)^2+\Omega^2(3\cos^2\theta-1)]-\rho\dot{L}^2$；$L_{\text{n}}$ 为制动转折段的系绳长度。

3.4　参数优化方法

参数优化的一般思想是，先设计一个目标函数，从某个初始参数开始，不断地调整参数并将其代入系统，以观察在控制作用下的结果；然后计算并比较各个目标函数，以得到目标函数的极小值，从而逐步逼近符合设计要求的参数最优解。

在系绳展开的过程中，若系绳松弛或回弹，则会发生子星与系绳缠绕、系绳释放机构与系绳缠绕等危险状况。因此，在进行张力控制律设计及其参数优化时，需要保证系绳的展开速度不小于零（系绳不回弹）和系绳张力大于零（系绳始终张紧不松弛），即

$$\begin{cases}\dot{L}\geqslant 0\\ T>0\end{cases} \tag{3.22}$$

针对空间系绳系统展开阶段的控制律参数优化问题，设计目标函数主要考虑展开终端状态是否满足任务要求，即在展开终端要尽量满足 $L(t_k)=L_k$，$V(t_k)=0$，$\theta(t_k)=0$，$\dot{\theta}(t_k)=0$。设计二次型目标函数，即

$$J=c_1(L(t_k)-L_k)^2+c_2(V(t_k))^2+c_3(\theta(t_k)+c_4(\dot{\theta}(t_k))^2+f \tag{3.23}$$

式中，$L(t_k)$ 为展开结束时刻的展开绳长；$V(t_k)$ 为展开结束时刻的展开速度；$\theta(t_k)$ 为展开结束时系绳与地垂线的夹角；$\dot{\theta}(t_k)$ 为展开结束时系绳与地垂线的相对角速度；c_1、c_2、c_3、c_4 分别为控制律参数优化时展开绳长、展开速度、偏离角、偏离角速度对应的权值。某一项状态量对应的权值越大，在参数优化过程中越要优先选择对应的状态量更加接近给定终端状态的参数，以使目标函数值最小。

在分配权值时，对于展开绳长项，由于系绳长度在数值上较大，因此在等权值条件下其对目标函数的影响较大，不需要太大的权值就可以保证展开绳长在终端状态满足要求；对于展开速度项，由于要求展开结束时系绳静止不回弹，展开速度稳定为 0 附近的极小值，数值较小，因此需要分配较大的权值来保证展开速度在终端状态稳定为 0 附近的极小值；对于偏离角项，由于要求展开结束时子星稳定在沿地垂线方向的位置，因此需要分配较大的权值来保证子星在

终端状态处于正确位置；对于偏离角速度项，考虑到空间系绳系统展开主要通过系绳面内运动与系绳张力的耦合进行控制，因此偏离角速度的权值不用太大。

为了防止系绳松弛，展开速度V的下限要稍大于零，为此加入惩罚函数f，其值为

$$f=\begin{cases}10^6 & (V<0)\\ 0 & (\text{其他})\end{cases} \tag{3.24}$$

本节利用参数优化方法搜寻目标函数的最小值，下面详述下山单纯形算法和遗传算法的基本思想，并进行优化算法对比。

3.4.1 下山单纯形算法

下山单纯形算法是一种适用于解决非线性优化问题的算法，广泛应用于求解多维空间中目标函数的极值。当目标函数连续变化时，该算法能够找到局部最优解。

单纯形（Simplex）是指在$\mathbf{R}^n$中存在$\boldsymbol{x}_1\sim\boldsymbol{x}_{n+1}$共$n+1$个点，其向量集合$\{\boldsymbol{x}_i-\boldsymbol{x}_0\mid i=1,2,\cdots,n\}$在$\mathbf{R}^n$中线性无关。单纯形具有如下性质。

（1）单纯形的任何排列都是单纯形。

（2）单纯形是不包含在任何$n-1$维超平面中的任何$n+1$个点的集合。

（3）在$\mathbf{R}^2$中，单纯形是三角形。

（4）在$\mathbf{R}^3$中，单纯形是四面体。

下山单纯形算法从要最小化的目标函数域中的单纯形开始，分别以 5 种不同的方式修改单纯形，直到单纯形非常平坦（所有顶点的函数值几乎相同）为止，此时得到的最小值为具有最小目标函数值的顶点。在实际计算中，对于一个n维空间，下山单纯形算法将一个$n+1$维测试点集作为单纯形，并衡量目标函数的各个测试点，找到一个新测试点并用该测试点替代其中一个老测试点，如此往复。下山单纯形算法会找出最差的测试点，并将余下的n个测试点的形心（Centroid）映射，从而得到一个新测试点，以该测试点替代最差的测试点。若此新测试点比已有的最好的测试点更好，则沿着该测试点以指数延伸；若该测试点并不比之前的测试点更好，则向最好的测试点方向缩小单纯形。如此，下山单纯形算法的结果便可逐渐逼近最优解。

下山单纯形算法流程如下。

现有测试点$\boldsymbol{x}_1,\boldsymbol{x}_2,\cdots,\boldsymbol{x}_{n+1}\in\mathbf{R}^n$，求使目标函数值极小的优化结果。

① 排序。

根据各个顶点的值，检测其是否满足要求，即$f(\boldsymbol{x}_1)\leqslant f(\boldsymbol{x}_2)\leqslant\cdots\leqslant f(\boldsymbol{x}_{n+1})$，若已得到极值，则停止计算。

② 计算$\boldsymbol{x}_0$。

求解除最差点$\boldsymbol{x}_{n+1}$外所有点组成的形心。

③ 映射。

计算映射点$\boldsymbol{x}_\mathrm{r}=\boldsymbol{x}_0+\xi(\boldsymbol{x}_0-\boldsymbol{x}_1)(\xi>0)$。若映射点计算结果比最优点计算结果差，但比最差点计算结果好，即$f(\boldsymbol{x}_1)\leqslant f(\boldsymbol{x}_\mathrm{r})<f(\boldsymbol{x}_n)$，则用映射点$\boldsymbol{x}_\mathrm{r}$替代最差点$\boldsymbol{x}_{n+1}$组成新的单纯形，并返回步骤①继续进行计算。

④ 扩展。

若映射点为最优点，即$f(\boldsymbol{x}_\mathrm{r})<f(\boldsymbol{x}_1)$，则计算扩展点$\boldsymbol{x}_\mathrm{e}=\boldsymbol{x}_0+\gamma(\boldsymbol{x}_\mathrm{r}-\boldsymbol{x}_1)(\gamma>1)$。若拓展点计算结果比映射点计算结果更好，即$f(\boldsymbol{x}_\mathrm{e})<f(\boldsymbol{x}_\mathrm{r})$，则用拓展点$\boldsymbol{x}_\mathrm{e}$替代最差点$\boldsymbol{x}_{n+1}$组成新

的单纯形，并返回步骤①继续进行计算；否则，用映射点 $\boldsymbol{x}_{\mathrm{r}}$ 替代最差点 $\boldsymbol{x}_{n+1}$ 组成新的单纯形，并返回步骤①继续进行计算。

⑤ 收缩。

若 $f(\boldsymbol{x}_{\mathrm{r}}) \geqslant f(\boldsymbol{x}_n)$，则计算收缩点 $\boldsymbol{x}_{\mathrm{c}} = \boldsymbol{x}_0 + \rho(\boldsymbol{x}_{n+1} - \boldsymbol{x}_0)(0 < \rho < 0.5)$。若收缩点计算结果比最差点计算结果更好，即 $f(\boldsymbol{x}_{\mathrm{c}}) < f(\boldsymbol{x}_{n+1})$，则用收缩点 $\boldsymbol{x}_{\mathrm{c}}$ 替代最差点 $\boldsymbol{x}_{n+1}$ 组成新的单纯形，并返回步骤①继续进行计算。

⑥ 缩小。

用 $\boldsymbol{x}_i = \boldsymbol{x}_1 + \sigma(\boldsymbol{x}_i - \boldsymbol{x}_1)$ 替代除最优点 $\boldsymbol{x}_1$ 外的所有点组成新的单纯形，并返回步骤①继续进行计算。

基于下山单纯形算法对张力控制律进行参数优化，可以得到最终控制律形式。

3.4.2 遗传算法

遗传算法是数学计算中寻找最优值的搜寻算法，是一种进化算法。遗传算法是通过模拟生物进化与遗传过程构造的搜寻最优值的算法，其最初借鉴了大量生物进化学中的现象，如突变、遗传、杂交、自然选择等。遗传算法的主要特点是直接对结构对象进行操作，不要求函数可导或连续；具有很好的全局寻优能力和内在的隐式并行性；采用了概率化的寻优方法，能自动指导和获取优化的搜寻空间，自动调节搜寻方向，不需要明确的规则。

遗传算法是一种借鉴自然遗传机制和生物界自然选择的随机自适应搜寻算法，充分利用了自然界优胜劣汰的自然选择规律，能够快速、有效地解决多维空间中非线性、复杂的最优解问题。在遗传算法中，问题的解被称为种群，它是整个搜寻空间的子集。种群中的每个元素被称为个体，个体以某种编码的形式产生基因。种群中的所有基因组成了染色体，每个染色体的优劣用适应度来表征。遗传算法的基本原理是，搜寻过程从一组随机产生的种群开始，根据适应度的大小，通过选择、交叉和变异产生下一代种群。染色体的适应度越大，被遗传的概率越大；染色体的适应度越小，被淘汰的概率越大。通过进行多次优胜劣汰，最终的种群就是问题的最优解或近似最优解。遗传算法优化流程图如图 3.1 所示。

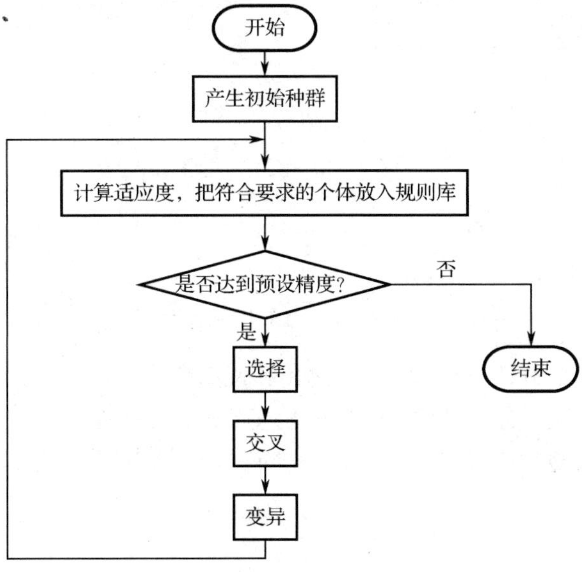

图 3.1　遗传算法优化流程图

基于遗传算法对张力控制律进行参数优化，可以得到最终控制律形式。

3.4.3 优化算法对比

采用下山单纯形算法和遗传算法最终都可以得到满足系绳展开边值条件的结果，这两种算法明显有一些区别，具体表现在以下 3 个方面。

（1）初值的确定。在采用下山单纯形算法进行参数优化时，给定的初值为一个基本可行解，要得到这样一个初值并不容易，需要通过大量实验来进行验证，若初值取得不够好，则得到的参数结果很难满足预定条件。在采用遗传算法进行参数优化时，需要确定的是参数的搜寻范围，只需要进行少量实验就能确定其搜寻范围，采用该算法可以找出最优解。

（2）计算量的对比。由于遗传算法是群体智能算法，其进化出每一代都要进行大量计算。显而易见，采用遗传算法进行参数优化的计算量远大于采用下山单纯形算法进行参数优化的计算量。

（3）寻找全局最优解的能力。采用下山单纯形算法进行参数优化的前提是有一个基本可行解，该解可能是局部最优解。在采用该算法时，参数是紧紧围绕着初值变化的，而且变化范围不大，其寻找全局最优解的能力有限。然而采用遗传算法可在其搜寻范围内尽量寻找最优解，这个搜寻范围内有可能包含多个基本可行解，因此其寻找全局最优解的能力有所提高。

综合考虑这两种优化算法的优缺点，本章及第 4 章均采用下山单纯形算法对张力控制律参数进行优化，以得到最终控制律形式。

3.5 边值求解方法

本节研究的是地心轨道运动坐标系下空间系绳系统平面运动的数学模型。模型的基本假设如下。

（1）球形中心重力场。

（2）基站航天器的质量远大于小航天器的质量。

（3）基站航天器沿固定的圆轨道运动。

（4）系绳无质量，总是张紧的，不可伸展且形状近似为直线。

这个数学模型有如下形式：

$$\frac{\mathrm{d}\theta}{\mathrm{d}t}=\omega \tag{3.25}$$

$$\frac{\mathrm{d}\omega}{\mathrm{d}t}=-2\frac{V}{L}(\omega+\Omega)-\frac{3}{2}\Omega^2\sin 2\theta \tag{3.26}$$

$$\frac{\mathrm{d}L}{\mathrm{d}t}=V \tag{3.27}$$

$$\frac{\mathrm{d}V}{\mathrm{d}t}=L[(\omega+\Omega)^2-\Omega^2(1-3\cos^2\theta)]-\frac{T}{m} \tag{3.28}$$

式中，θ 、ω 分别为系绳相对于地垂线的偏离角和偏离角速度；L 、V 分别为系绳的释放长度和释放速度；Ω 为基站航天器沿圆轨道运动的角速度；m 为小航天器的质量；T 为系绳张力。

可以利用如下形式的参数设计空间系绳系统向垂直位置的展开控制律：

$$T(L,V,t)=m\Omega^2\left(aL+b\frac{V}{\Omega}-cL_k\right) \tag{3.29}$$

式中，a、b、c 为展开控制律参数；L_k 为系绳的最终长度。

对于给定的基站航天器轨道高度 H，为了确定系绳长度 L_k 的范围，在研究时必须设置展开控制律［见式（3.29）］的应用界限。值得注意的是，式（3.29）成立的前提是 $M \gg m$ 和不考虑系绳质量，若基站航天器的质量与子航天器的质量相近，则式（3.29）是不成立的。

要选取的参数有 a、b、c 及空间系绳系统的展开时间 t_k。

在进行空间系绳系统展开时，必须保证相对于地垂线的系统最终状态为静止。因此，最终展开条件为 $\theta_k = 0$、$\omega_k = 0$，并且系绳长度取给定值 L_k。如果在仿真图中出现系绳回弹情况（如 $V<0$、$F<0$ 等），则应为上述控制律添加一些约束条件。

为了求解边值问题，采用非线性规划方法——搜寻某个目标函数最小值的下山单纯形算法。可以采用卷积形式的目标函数：

$$f(a,b,c,t_k) = c_1[\theta(t_k)-\theta_k]^2 + c_2[\omega(t_k)-\omega_k]^2 + c_3[L(t_k)-L_k]^2 + c_4[V(t_k)-V_k]^2 \quad (3.30)$$

式中，c_1、c_2、c_3、c_4 为加权系数；$\theta(t_k)$、$\omega(t_k)$、$L(t_k)$、$V(t_k)$ 为该计算中轨迹参数的最终值。其实参数 c 代表一种期望程度，如果想获得某个更精确的变量，只需要增大其前面的加权系数即可。本章仿真程序中所选参数分别为 $c_1 = c_2 = c_4 = 1$，$c_3 = 10$。

显然，如果获得的式（3.30）的最小值趋于零（给定的精度），那么说明边值问题被成功求解。目标函数最小值搜寻算法在基于 MATLAB Simulink 软件编写的程序 Modelwork2.mdl 和 M2.m 中实现。相关程序见本书附带的电子资源。

为了确定系绳长度 L_k 的范围，必须求解一系列边值问题。在求解边值问题时，必须保证控制机构的系绳释放速度和系绳张力的限制条件。事实上，任何控制机构都工作在确定的系绳释放速度和系绳张力范围内。由于大部分制动机构仅用于制动，并不能反向回收系绳，因此在进行空间系绳系统展开时应该满足限制条件 $V>0$ 和 $T>T_{\min}$，其中 $T_{\min}$ 为制动机构的最小制动力，在研究时可以取 $T_{\min}=0$。

对展开控制律［见式（3.29）］的分析表明，系绳长度 L_k 的下边界值由限制条件 $V>0$ 确定，上边界值由限制条件 $T>T_{\min}$ 确定。程序 Modelwork2.mdl 是在 MATLAB Simulink 软件中搭建的模型，其外层窗口如图 3.2 所示。

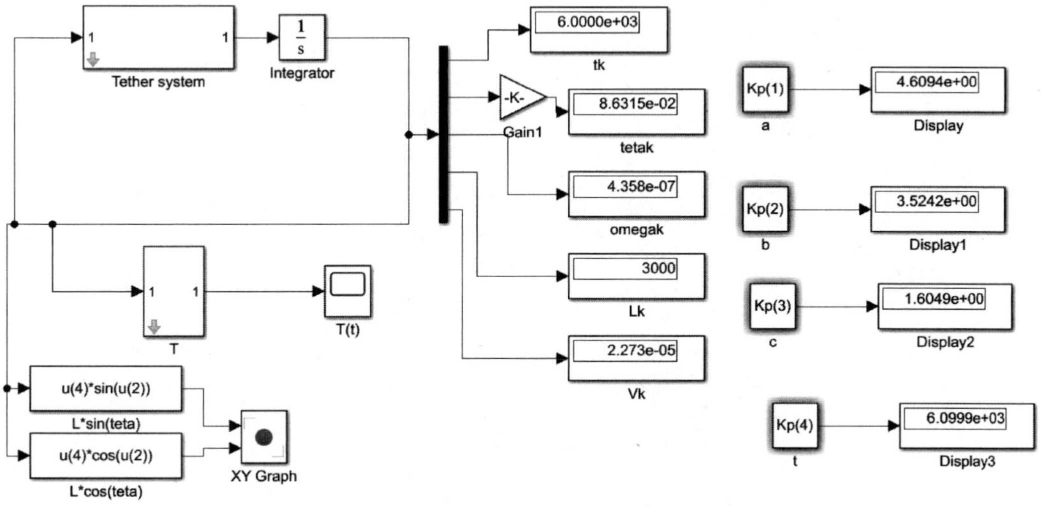

图 3.2　程序 Modelwork2.mdl 的外层窗口

在程序 Modelwork2.mdl 中，被选取的参数位于数组 Kp(1)～Kp(4)中，它们对应的参数分

别为 a、b、c、t_k。打开模块 Tether system（见图 3.3），设置圆轨道高度 H（单位为 km），以求解给定圆轨道高度下的边值问题。在程序 M2.m（见图 3.4）中，利用赋值运算符设置系绳最终长度 L_k（单位为 m）和目标函数（改变 L_k 的值后必须对程序执行保存操作）。为了正确绘制系绳张力-时间关系曲线，应同时在程序 Modelwork2.mdl 的模块 T 中设置参数 L_k 和 H（见图 3.5）。将程序 M2.m 中的最后一行不带注释符%地复制到命令行窗口中，运行目标函数最小值搜寻算法。

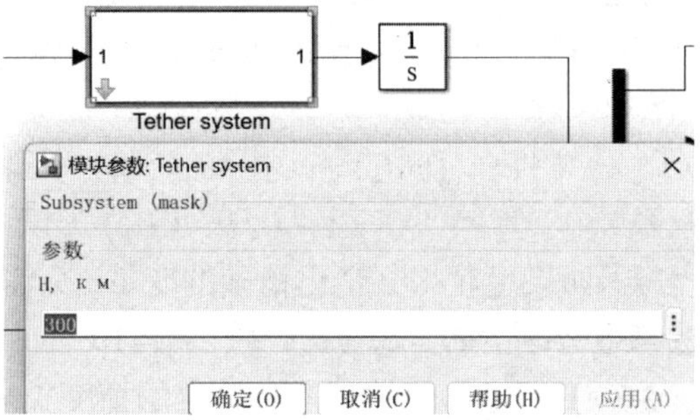

图 3.3 “模块参数:Tether system”对话框

```
function f=M2(Kp)
% 鏇疪戾蝠? 校镱朦珞屦□ 祛溴朦?
t0=0;
tf=Kp(4);
Lk=3000;%设置系绳最终长度
h=100;%间隔时间
opts=simset('SrcWorkspace','current');%产生新的option结构，并改变其值
opts=simset(opts,'DstWorkspace','current');%改变已有的option中的某一值
[t,x]=sim('Modelwork2',[t0:h:tf],opts);%设置仿真的初始及结束时间和步长，x为返回的状态变量值
[nt,nx]=size(x);
jp=zeros(1,nt);
L=zeros(1,nt);
V=zeros(1,nt);
K=398600;
R3=6371.02;
H=300;
OMEGA1=K^0.5/(R3+H)^1.5;
m=20;
for i=1:nt
L(i)=x(i,4)';%转置
teta(i)=x(i,2)';
V(i)=x(i,5)';
omega(i)=x(i,3)';
Fc(i)=m*OMEGA1^2*(L(i)*Kp(1)+Kp(2)*V(i)^1/OMEGA1-Kp(3)*Lk);
end
Fcmin=min(Fc(i)');
r=1000000000;
sh=0;
if (Fcmin<0.),
   sh=r*abs(Fcmin);
end
c1=1;c2=1;c3=1;c4=10;
f=c1*teta(nt)^2+c2*omega(nt)^2+c3*(L(nt)-Lk)^2+c4*V(nt)^2+sh;%设置目标函数
```

图 3.4 程序 M2.m

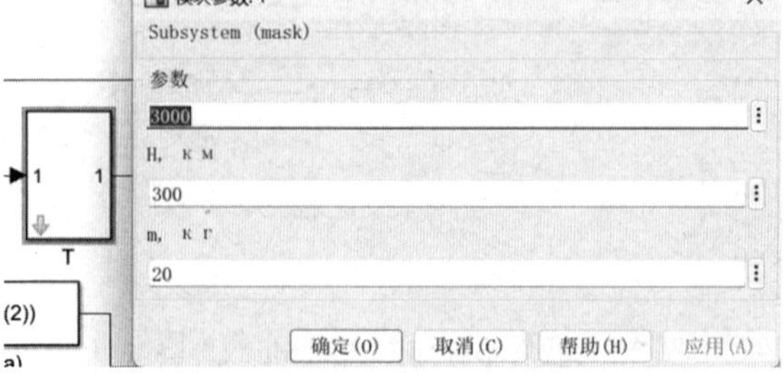

图 3.5 “模块参数:T”对话框

命令行代码如下：

```
options=optimset('tolX',1.e-3);
[xmin,opt,rosexflag,rosout]=fminsearch(@M2,[4.6,3.5,1.6,6000]);
options
```

其中，量值 1.e-3 是给定的最小值确定误差；数组[4.6,3.5,1.6,6000]是搜寻参数 a、b、c、t_k 的初值。

如果参数搜寻成功，那么在命令行窗口中会出现如下信息：

```
opt = 2.2746e-06
rosexflag = 1
rosout = 0
iterations:162
funcCount:290
algorithm:'Nelder-Mead simplex direct search'
message:[1x194 char]
```

其中，rosexflag = 1 说明函数成功搜寻到最小值。

最终参数值在程序 Modelwork2.mdl 的外层窗口（见图 3.2）的模块 Display 和 tk 中显示。图 3.2 中显示的是 $L_k = 3000\text{m}$ 和 $H = 300\text{km}$ 的边值问题求解的参数值。打开模块 T(t)、XY Graph 可以相应地看到系绳张力随时间的变化曲线和系绳的展开轨迹。式（3.25）～式（3.28）的状态变量初值在模块 Integrator 中以矩阵的形式设置，如[0,0,0,1,2.5]，对应的参数分别为 $\theta(t_0)$、$\omega(t_0)$、$L(t_0)$、$V(t_0)$。

3.6　边值问题求解示例

本节示例求解系绳长度 L_k 的范围。已知基站航天器轨道高度 $H = 300\text{km}$，初始分离速度 $V(t_0) = 2.5\text{m/s}$，在经过一系列边值问题求解后获得展开控制律［见式（3.29）］的极限轨迹，分别对应于满足限制条件 $V > 0$ 和 $T > 0$ 的系绳最小长度、系绳最大长度。

求解边值问题，获得如下展开控制律参数值。

（1）系绳最小长度 $L_k = 1500\text{m}$，对应的参数分别为 $a = 4.6004$、$b = 3.6666$、$c = 1.6003$、$t_k = 6135.5$。

（2）系绳最大长度 $L_k = 4700\text{m}$，对应的参数分别为 $a = 4.6087$、$b = 3.5125$、$c = 1.6033$、$t_k = 6141$。

对于 $L_k = 1500\text{m}$ 的情况，$T(t)$、$V(t)$ 的曲线分别如图 3.6 和图 3.7 所示。对于 $L_k = 4700\text{m}$ 的情况，$T(t)$、$V(t)$ 的曲线分别如图 3.8 和图 3.9 所示。在系绳最小长度 $L_k = 1500\text{m}$ 的情况下，$V(t)$ 的曲线满足限制条件 $V > 0$（见图 3.7）；在系绳最大长度 $L_k = 4700\text{m}$ 的情况下，$T(t)$ 的曲线满足限制条件 $T > 0$（见图 3.8）。

若边值问题没有解，则表明在某个限制条件的迭代次数内达不到解的给定误差。对于这种情况，可以尝试改变命令行中被搜寻参数的初值并重新运行程序，如将没有成功得到解时的最终值作为新的初值。

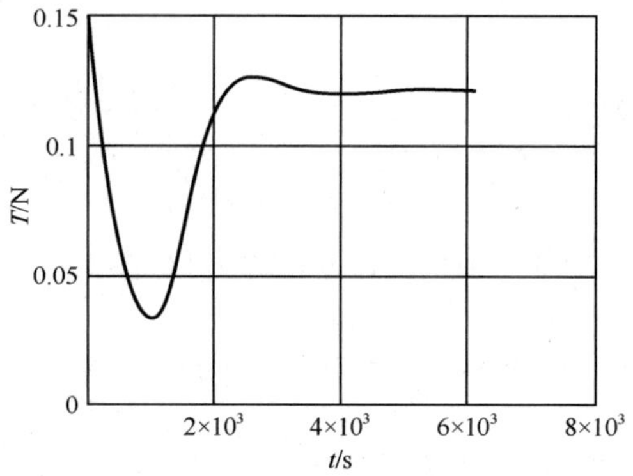

图 3.6　系绳张力变化曲线（ $L_k = 1500\text{m}$ ）

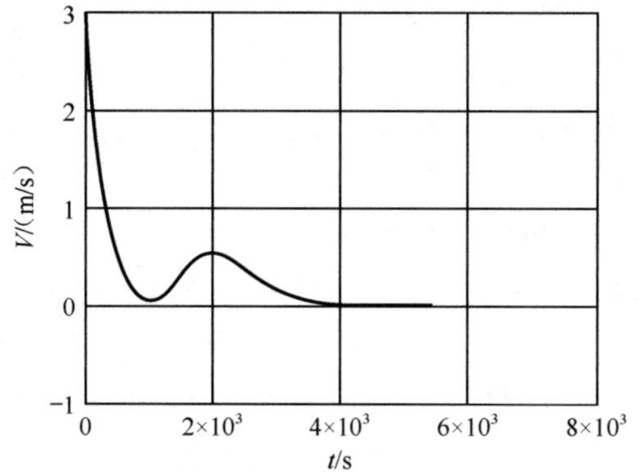

图 3.7　系绳展开速度变化曲线（ $L_k = 1500\text{m}$ ）

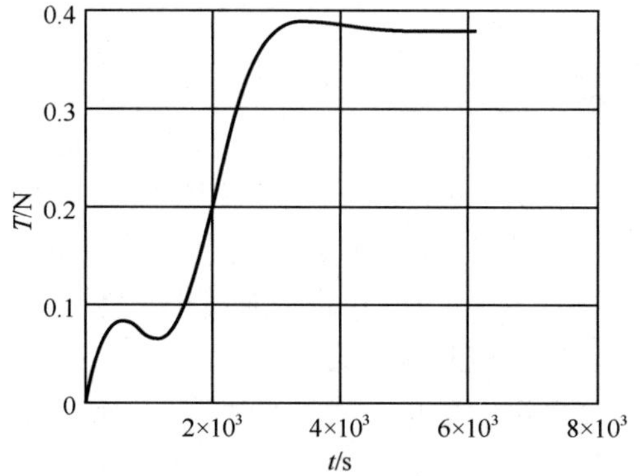

图 3.8　系绳张力变化曲线（ $L_k = 4700\text{m}$ ）

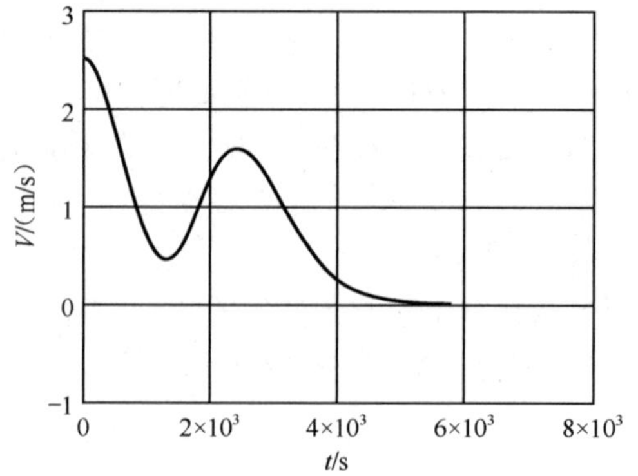

图 3.9　系绳展开速度变化曲线（ $L_k = 4700\text{m}$ ）

3.7 小结

本章基于地心轨道运动坐标系下空间系绳系统平面运动的数学模型，介绍了空间系绳系统向垂直位置的标称展开程序建立方法，并采用下山单纯形算法求解了边值问题，最后以求解系绳长度 L_k 的范围为例，在 MATLAB Simulink 软件中编写程序实现了边值问题的求解，获得了展开控制律的极限轨迹，该边值问题求解方法也可以应用于其他展开过程中的边值求解问题。

练习题

1. 按照本章所述方法求解下列给定基站航天器轨道高度 H 和初始分离速度 $V(t_0)$ 的边值，即满足限制条件 $V>0$ 和 $T>0$ 的系绳长度 L_k 的可能范围，并分析分离速度范围 $\Delta V(t_0)=\pm 0.5\,\text{m/s}$ 的变化对 $T(t)$ 和 $V(t)$ 的影响。

- $H=400\,\text{km}$，$V(t_0)=2.5\text{m/s}$。
- $H=250\,\text{km}$，$V(t_0)=2\text{m/s}$。
- $H=350\,\text{km}$，$V(t_0)=2.5\text{m/s}$。
- $H=275\,\text{km}$，$V(t_0)=3\text{m/s}$。
- $H=375\,\text{km}$，$V(t_0)=4\text{m/s}$。
- $H=450\,\text{km}$，$V(t_0)=2\text{m/s}$。
- $H=325\,\text{km}$，$V(t_0)=1.5\text{m/s}$。
- $H=500\,\text{km}$，$V(t_0)=3.5\text{m/s}$。

在求解边值问题时，建议采用如下加权系数设置程序 M2.m 中的函数［见式（3.30）］：

$$c_1=c_2=c_4=1\,,\quad c_3=10$$

2. 在求解边值问题时，空间系绳系统的最终展开状态应该满足什么条件？
3. 边值问题求解可以归结为什么数值分析问题？
4. 目标函数为什么形式？
5. 采用什么方法搜寻目标函数的最小值？它的本质是什么？
6. 在搜寻系绳长度的下边界值时，应考虑什么限制条件？
7. 在搜寻系绳长度的上边界值时，应考虑什么限制条件？
8. 展开规律的极限轨迹与 3.6 节示例中的曲线有什么不同？
9. 分离速度偏差对所选方案的极限轨迹特性有什么影响？

第 4 章 系绳与地垂线有偏离的空间系绳系统快速展开标称程序计算

4.1 引言

空间系绳系统稳定展开后，若系绳与地垂线方向不重合，则会出现偏离角。偏离角的存在会导致产生扭矩，从而对系绳的稳定展开造成一定影响，在一般任务中应避免出现偏离角。但偏离角也可以应用到航天器的捕获、投送等任务中。当捕获系统和待捕获目标运行在不同高度的轨道上时，传统的在轨捕获方式是无法完成此太空任务的，而空间系绳系统在这种条件下具有独特的优势。在一般情况下，系绳与待捕获目标之间存在一定的速度差，通过向上或向下展开系绳，利用偏离角，可使空间系绳系统产生摆动，从而弥补系绳与待捕获目标之间的速度差，实现对目标的在轨捕获。

空间系绳系统若存在偏离角，则会变成轨道重力摆，可以为航天器提供额外的速度增量。在空间系绳系统摆动到需要的位置后，切断系绳，可以实现航天器抛投效果，进而执行离轨或载荷转移等任务。YES2 实验就是利用偏离角实现返回舱离轨的，该实验虽然并未顺利完成，但是证明了将偏离角应用于抛投离轨是可行的。

除此之外，偏离角的存在还会为系绳提供额外的动能，从而加快系绳起旋过程。超长系绳的起旋需要很大的动能，偏离角可以降低系统对动能的要求，但是偏离角必须小于 56°，否则系绳张力会小于 0，出现系绳松弛现象，进而导致空间系绳系统不稳定。

本章主要研究系绳与地垂线有偏离的空间系绳系统快速展开标称程序的设计方法。当系绳与地垂线成某个偏离角（通常约为 60°）时，若切断系绳，则可使小航天器在后续运动中获得额外的速度增量。若空间系绳系统展开结束时让小航天器与地垂线成某个偏离角 θ_k，并且其相对速度为零，则在空间系绳系统展开停止后，系绳长度在接下来的运动中为恒定值，即 $L_k = \mathrm{const}$，空间系绳系统成为轨道重力摆。由于这个轨道重力摆是相对于地垂线摆动的，因此小航天器经过一段时间后会与地垂线相交，若此时切断系绳，则小航天器的相对速度不为 0，将存在额外的速度增量。

4.2 展开过程概述

为了使空间系绳系统顺利展开到与地垂线有一定偏离角的位置，需要先建立空间系绳系统的标称展开程序。YES2 实验中空间系绳系统展开的第二阶段采用的控制律由速度增加段和紧急制动段组成，最终系绳与地垂线的偏离角 $|\theta_k| = 14.54°$。之后，有学者将系绳与地垂线的最终偏离角模量作为最优化准则[43]，利用庞特里亚金极大值原理推导出了相似的控制律。4.3 节将利用庞特里亚金极大值原理对控制律进行设计和改进，以实现将系绳顺利展开到既定位置。

展开结束时刻系绳的展开速度为零，长度达到期望值，与地垂线的夹角达到给定角度，相对角速度为零，即在展开终端需要尽量满足边值条件：

$$\theta(t_{\rm f})=\theta_k\,,\quad V_L(t_{\rm f})=V_{\rm f}=0\,,\quad L(t_{\rm f})=L_k\,,\quad \dot{\theta}(t_{\rm f})=0$$

为了保证空间系绳系统能从初始状态达到规定状态，可以使用性能指标函数：

$$J=c_1(\theta-\theta_k)^2+c_2\dot{\theta}_{\rm f}^2+c_3(L-L_k)^2+c_4V_{\rm f}^2 \tag{4.1}$$

式中，c_1、c_2、c_3、c_4为加权系数。

采用下山单纯形算法搜寻性能指标函数的最小值，可以得到最终控制律形式。

4.3　展开控制律设计

4.3.1　时间最优张力控制律

为了使展开过程时间最优，利用庞特里亚金极大值原理设计控制律。在系绳的运动方程中，控制力 T 是系统的控制输入。令 $u=\dfrac{T}{m\Omega^2}$，系统的运动方程可改写为

$$L''=L[(\theta'+1)^2-(1-3\cos^2\theta)]-u \tag{4.2}$$

$$\theta''=-2\frac{L'}{L}(\theta'+1)-\frac{3}{2}\sin 2\theta \tag{4.3}$$

系统的状态方程可以表示成如下基本形式：

$$\dot{\boldsymbol{x}}(t)=f[\boldsymbol{x}(t),\boldsymbol{u}(t),t] \tag{4.4}$$

式中，$\boldsymbol{x}(t)\in\mathbf{R}^n$，$\boldsymbol{u}(t)\in\Omega\in\mathbf{R}^m$，$m\leqslant n$，$\Omega$为有界的闭集。

如果一个容许的控制输入 u 作用于系统，满足初始状态，最终可以获得连续或分段连续光滑的轨迹 $\boldsymbol{x}(t)$，并且使得性能指标函数，即

$$J=\int_{t_0}^{t_{\rm f}}F(t,\boldsymbol{x},u)\mathrm{d}t \tag{4.5}$$

达到最小值，那么这个控制量 u 就是期望的控制输入。系统的初始状态 $\boldsymbol{x}(t_0)=\boldsymbol{x}_0$。构造汉密尔顿函数：

$$H(t,\boldsymbol{x},u,\boldsymbol{\lambda})=F(t,\boldsymbol{x},u)+\boldsymbol{\lambda}^{\rm T}f(t,\boldsymbol{x},u) \tag{4.6}$$

式中，$\boldsymbol{\lambda}$ 为协状态向量。当控制输入 u 使得性能指标函数 J 达到最小值时，由庞特里亚金极大值原理可知，汉密尔顿函数 H 达到最大值。因此，控制问题转化为寻找一个控制输入 u^* 使构造的汉密尔顿函数达到最大值的问题，即

$$H(t,\boldsymbol{x}^*,u^*,\boldsymbol{\lambda})=\max_{u\in\Omega}H(t,\boldsymbol{x}^*,u,\boldsymbol{\lambda}) \tag{4.7}$$

协状态向量 $\boldsymbol{\lambda}$ 满足：

$$\dot{\boldsymbol{\lambda}}=-\frac{\partial H}{\partial\boldsymbol{x}} \tag{4.8}$$

并且满足结束时刻 $\boldsymbol{\lambda}(t_{\rm f})=0$。

在空间系绳系统中，状态变量 $\boldsymbol{x}=(L,\dot{L},\theta,\dot{\theta})^{\rm T}$，控制输入 $u\in[u_{\min},u_{\max}]$。为了使系统控制的时间最短，可以选取性能指标函数：

$$J=\int_{t_0}^{t_{\rm f}}\mathrm{d}t \tag{4.9}$$

同时应满足 $\dot{L}\geqslant 0$。构造汉密尔顿函数：

$$H(t,\boldsymbol{x},u,\boldsymbol{\lambda}) = 1+\boldsymbol{\lambda}^{\mathrm{T}} f(t,\boldsymbol{x},u) = 1+\lambda_1\dot{L}+\lambda_2(\dot{\theta}^2+2\dot{\theta}+3\cos\theta-u)+ \lambda_3\dot{\theta}-\lambda_4\left[2\frac{\dot{L}}{L}(\dot{\theta}+1)-\frac{3}{2}\sin 2\theta\right] \tag{4.10}$$

式中，λ_i（$i=1,2,3,4$）为对应状态的拉格朗日系数，并且只有λ_2影响控制输入u。根据庞特里亚金极大值原理可以得到最优控制输入$u^*(t)$：

$$u^*(t)=\arg\max_u H(\boldsymbol{x},\boldsymbol{\lambda},u)=\begin{cases} u_{\min} & (\lambda_2>0) \\ u_{\max} & (\lambda_2<0) \\ \text{undef} & (\lambda_2=0)\end{cases} \tag{4.11}$$

式中，$\lambda_2(t)$是时间的函数，并且在切换点t_i处$\lambda_2(t_i)=0$。考虑系绳展开控制机构的设计问题，在此假设系绳在展开过程中只发生一次切换。这时的最优控制输入$u^*(t)$为

$$u^*(t)=\arg\max_u H(\boldsymbol{x},\boldsymbol{\lambda},u)=\begin{cases} u_{\min} & (t<t_{\mathrm{p}}) \\ u_{\max} & (t\geqslant t_{\mathrm{p}})\end{cases} \tag{4.12}$$

因此，时间最优张力控制律可以写成如下形式：

$$T=\begin{cases} T_{\min} & (L<L_{\mathrm{n}}) \\ T_{\max} & (L\geqslant L_{\mathrm{n}})\end{cases} \tag{4.13}$$

在考虑控制机构特性，系绳只能展开不能回收的基础上，系绳长度随时间单调递增。因此，固定系绳长度的切换可以转换为固定时间的切换：

$$T=\begin{cases} T_{\min} & (t<t_{\mathrm{p}}) \\ T_{\max} & (t\geqslant t_{\mathrm{p}})\end{cases} \tag{4.14}$$

只要确定切换时间t_{p}、最小系绳张力$T_{\min}$、最大系绳张力$T_{\max}$，就可以得到展开的张力控制律。

4.3.2 平滑张力控制律

在式（4.14）中，系绳张力从最小值$T_{\min}$变化到最大值$T_{\max}$的过程是进行继电切换的过程。从控制系统工作的角度来看，继电切换可能会产生较大的抖动或增大控制误差，并且可能会导致控制机构工作在临界状态下，而这些情况是不希望出现的。因此，需要对式（4.14）进行改进，以消除系统的抖动、减小控制误差。为了保证系绳张力从最小值向最大值平滑过渡，可以采用如下控制律：

$$T=\begin{cases} T_{\min} & (t<t_1) \\ T_{\min}+(T_{\max}-T_{\min})\sin^2[k_{\mathrm{p}}(t-t_1)] & (t_1\leqslant t\leqslant t_2) \\ T_{\max} & (t>t_2)\end{cases} \tag{4.15}$$

式中，$t_1=t_{\mathrm{p}}-\pi/4k_{\mathrm{p}}$；$t_2=t_{\mathrm{p}}+\pi/4k_{\mathrm{p}}$；$t_{\mathrm{p}}$、$k_{\mathrm{p}}$、$T_{\min}$、$T_{\max}$为控制律参数。在式（4.15）中，系绳张力的切换根据时间进行（t_{p}为切换时间），而参数k_{p}决定了切换的平滑性，可以使式（4.13）所示的控制律平滑，对系绳最终偏离角$|\theta_k|$的影响比较小。

4.3.3 基于双曲正切函数的平滑张力控制律

双曲正切函数是一类曲线光滑且连续可导，饱和变化范围为$(-1,1)$的双曲函数，一般表达

式为

$$f(kx)=\frac{e^{kx}-e^{-kx}}{e^{kx}+e^{-kx}} \tag{4.16}$$

在切换点可采用带参数的双曲正切函数来改进控制律：

$$T=\begin{cases}T_{\min} & (t_1\leqslant t<t_2)\\ \dfrac{T_{\max}+T_{\min}}{2}+\dfrac{T_{\max}-T_{\min}}{2}f(a(t-t_{\mathrm{p}})) & (t_2\leqslant t\leqslant t_3)\\ T_{\max} & (t>t_3)\end{cases} \tag{4.17}$$

式中，t_1 为第二阶段的开始时间；$t_2=t_{\mathrm{p}}-\dfrac{t_k}{2}$；$t_3=t_{\mathrm{p}}+\dfrac{t_k}{2}$；$t_{\mathrm{p}}$ 为切换时间；t_k 为切换的过渡时间，影响切换的平滑性；k 为过渡曲线的斜率，影响切换过程的快慢。

在继电切换过程中，切换点处的速度曲线不可导，因此在控制机构惯性的影响下系统会产生抖动，引发不必要的控制误差。使用基于双曲正切函数的平滑张力控制律，可以很好地解决这个问题，实现张力曲线平滑、过渡平稳、不发生跳变，进而避免系绳在展开过程的抖动，保证系绳展开的安全性和平稳性。

4.4　边值求解方法

采用继电展开控制律求解，该控制律由加速段（快速展开）和制动段（减速阶段）两部分组成：

$$T(t)=\begin{cases}T_{\min} & (t<t_{\mathrm{p}})\\ T_{\max} & (t\geqslant t_{\mathrm{p}})\end{cases} \tag{4.18}$$

式中，$T_{\min}$、$T_{\max}$、t_{p} 为控制律参数。

在大多数情况下，为了减小控制误差，要对继电展开控制律［见式（4.18）］进行平滑处理，以保证张力变化的连续性。对此，可以采用如下平滑张力控制律：

$$T(t)=\begin{cases}T_{\min} & (t<t_1)\\ T_{\min}+(T_{\max}-T_{\min})\sin^2[k(t-t_1)] & (t_1\leqslant t\leqslant t_2)\\ T_{\max} & (t>t_2)\end{cases} \tag{4.19}$$

式中，$t_1=t_{\mathrm{p}}-\dfrac{\pi}{4k}$；$t_2=t_{\mathrm{p}}+\dfrac{\pi}{4k}$；$T_{\min}$、$T_{\max}$、$t_{\mathrm{p}}$、$k$ 为控制律参数，其中 k 为控制律补偿系数，k 越小，平滑时间越长。

求解的第一阶段采用式（4.18）所示的控制律，因为该控制律所要选取的参数比较少；在第二阶段，将所选取的式（4.18）的参数值作为式（4.19）的参数的近似初值进行求解。这样可以更好地求解边值问题。

本节应用第 3 章中介绍的边值问题非线性规划方法——下山单纯形算法，搜寻目标函数［见式（3.30）］的最小值。

在进行空间系绳系统展开时，必须保证系统最终状态为静止，并使系绳与地垂线呈一定的偏离角。因此，展开的最终条件为 $\omega_k=0$、$V_k=0$，并且系绳的最终展开长度 L_k 和系绳与地垂线的偏离角 θ_k 取给定值。

带有继电展开控制律［见式（4.18）］的目标函数［见式（3.30）］最小值搜寻算法在基于MATLAB Simulink软件编写的程序Modelwork3.mdl和M3.m中实现。相关程序见本书附带的电子资源。程序Modelwork3.mdl是在MATLAB Simulink软件中搭建的仿真模型，其外层窗口如图4.1所示。在程序Modelwork3.mdl中，被选取的参数位于数组Kp(1)～Kp(3)中，它们对应的参数分别为t_p、T_{max}、t_k，参数T_{min}在求解的第一阶段确定。边值问题在给定圆轨道高度H下求解，H在模块Tether system（见图4.2）中设置，单位为km。给定的系绳最终长度L_k（单位为m）、偏离角θ_k和目标函数在程序M3.m（见图4.3）中利用赋值运算符设置（改变L_k和θ_k的值后必须对程序执行保存操作）。参数T_{min}和小航天器质量m分别在程序Modelwork3.mdl的模块T（见图4.4）、Tether system（见图4.2）中设置。将程序M3.m的最后一行不带注释符%地复制到命令行窗口中，运行目标函数最小值搜寻算法。命令行代码根据第3章中的规则构建。

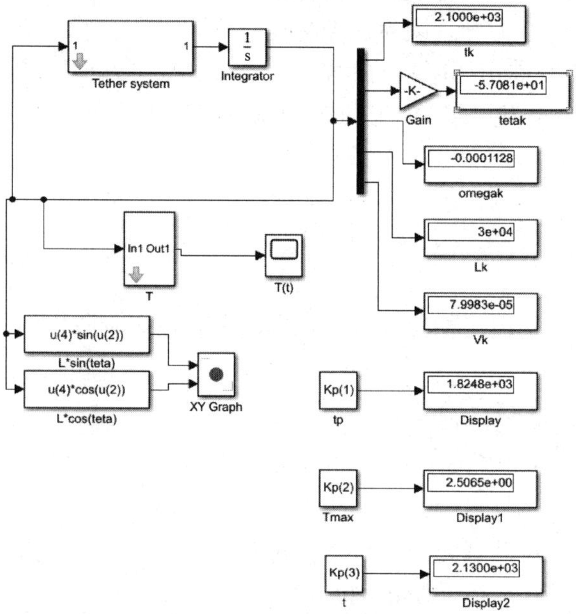

图 4.1　程序 Modelwork3.mdl 的外层窗口

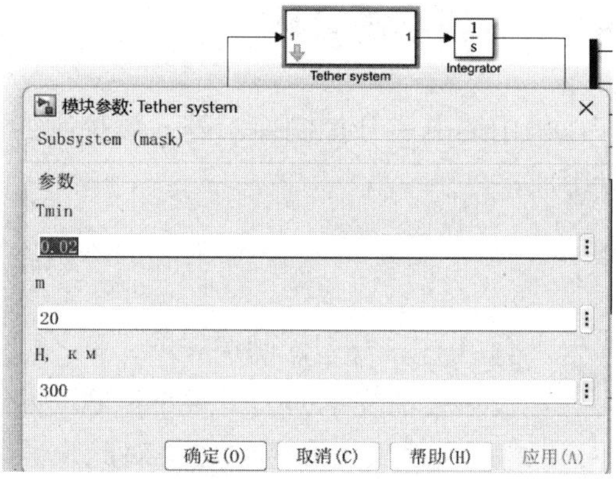

图 4.2　“模块参数: Tether system”对话框

```
function f=M3(Kp)
% 锛旂粺鍧? 鏉镜朦珞屦□ 袪溴朦?
t0=0;
tf=Kp(3);
h=100;
Pi=3.14159265359;
opts=simset('SrcWorkspace','current');
opts=simset(opts,'DstWorkspace','current');
[t,x]=sim('ModelWork3',[t0:h:tf],opts);
[nt,nx]=size(x);
jp=zeros(1,nt);
L=zeros(1,nt);
V=zeros(1,nt);
Lk=30000;%最终系绳长度
tetak=60*Pi/180;%最终系绳偏差角
m=20;
for i=1:nt
L(i)=x(i,4)';
teta(i)=x(i,2)';
V(i)=x(i,5)';
omega(i)=x(i,3)';
end
c1=1;c2=1;c3=1;c4=10;
f=c1*(teta(nt)-tetak)^2+c2*omega(nt)^2+c3*(L(nt)-Lk)^2+c4*V(nt)^2;%目标函数
plot(t,V);
grid on;
%options=optimset('tolX',1.e-3);[xmin,opt,rosexflag,rosout]=fminsearch(@M3,[1730.1,1.6840,2300],options)
%options=optimset('tolX',1.e-3);[xmin,opt,rosexflag,rosout]=fminsearch(@M3,[1500,2,2300],options)
```

图 4.3　程序 M3.m

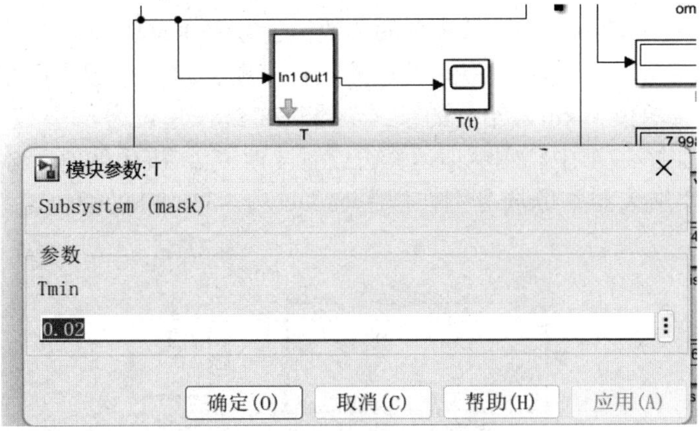

图 4.4　“模块参数: T”对话框

最终参数值在程序 Modelwork3.mdl 的外层窗口的模块 Display 和 tk 中显示。图 4.1 中显示的是 $L_k = 30000\,\text{m}$ 和 $H = 300\,\text{km}$ 的边值问题求解的参数值。打开模块 T(t) 和 XY Graph 可以相应地看到系绳张力随时间的变化曲线和系绳的展开轨迹。

带有平滑张力控制律［见式（4.19）］的目标函数［见式（3.30）］最小值搜寻算法在基于 MATLAB Simulink 软件编写的程序 Modelwork33.mdl 和 M33.m 中实现。相关程序见本书附带的电子资源。程序 Modelwork33.mdl 的外层窗口如图 4.5 所示。

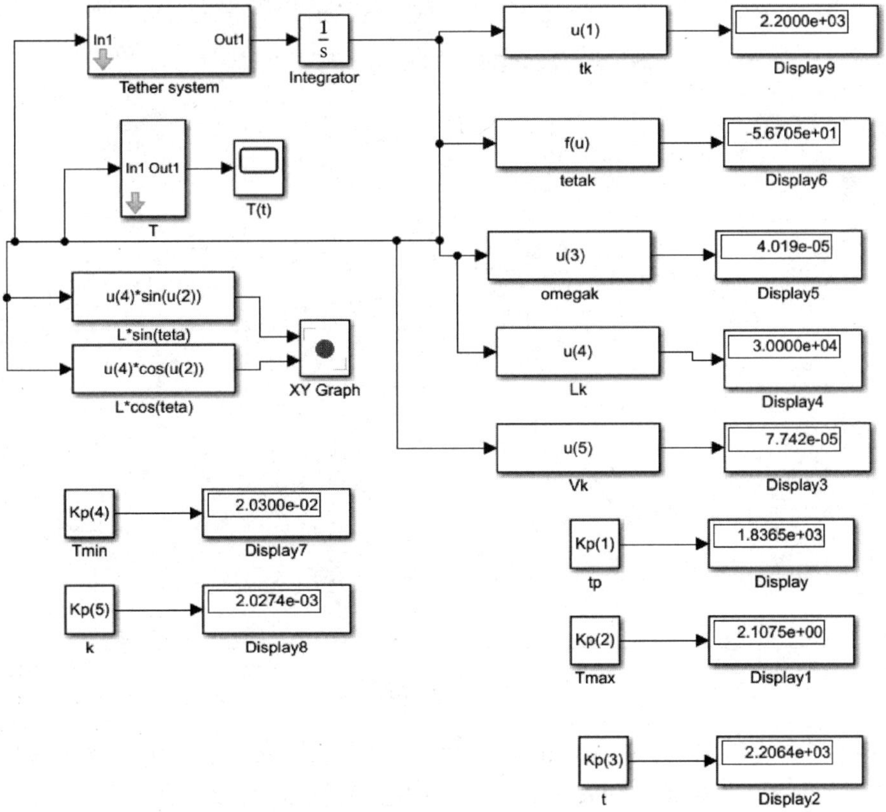

图 4.5　程序 Modelwork33.mdl 的外层窗口

在程序 Modelwork33.mdl 中，被选取的参数位于数组 Kp(1)～Kp(5)中，它们对应的参数分别是t_p、T_{max}、t_k、T_{min}、k。边值问题在给定的圆轨道高度H下求解，H在模块 Tether system（见图 4.6）中设置，单位为 km。给定的系绳最终长度L_k（单位为 m）、偏离角θ_k和目标函数在程序 M33.m（见图 4.7）中利用赋值运算符设置（改变L_k和θ_k的值后必须对程序执行保存操作）。参数H和小航天器质量m分别在程序 Modelwork33.mdl 的模块 T、Tether system（见图 4.6）中设置。

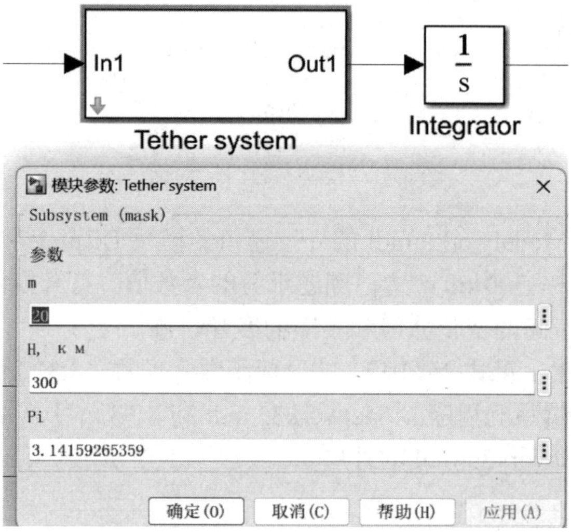

图 4.6 “模块参数: Tether system”对话框

```
Lk=30000;%最终系绳长度
tetak=60*Pi/180;%最终系绳偏离角
m=20;
for i=1:nt
L(i)=x(i,4)';
teta(i)=x(i,2)';
V(i)=x(i,5)';
omega(i)=x(i,3)';
end
Vmin=min(V);
r=1000000000;
sh=0;
if (Vmin<0.),
   sh=r*abs(Vmin);
end
if (Kp(4)>Kp(2)),
   sh=r;
end
if (Kp(4)<0.02),
   sh=r;
end
c1=1;c2=1;c3=1;c4=100;
f=c1*(teta(nt)-tetak)^2+c2*omega(nt)^2+c3*(L(nt)-Lk)^2+c4*V(nt)^2+sh;%目标函数
plot(t,V);
grid on;
%options=optimset('tolX',1.e-3);[xmin,opt,rosexflag,rosout]=fminsearch(@M33,[1803,2.1606,2100,0.02,0.002],options)
```

图 4.7 程序 M33.m

最终参数值在程序 Modelwork33.mdl 的外层窗口（见图 4.5）的模块 Display 和 tk 中显示。图 4.5 中显示的是$L_k=30000\,\text{m}$和$H=300\,\text{km}$的边值问题求解的参数值。

式（3.25）～式（3.28）的状态变量初值在模块 Integrator 中以矩阵的形式设置，如[0,0,0, 3000,0]，对应的参数分别为$\theta(t_0)$、$\omega(t_0)$、$L(t_0)$、$V(t_0)$。

4.5　边值问题求解示例

本节示例求解确定式（4.18）和式（4.19）的参数的边值问题，给定系绳长度 $L_k = 30000\,\text{m}$，基站航天器轨道高度 $H = 300\,\text{km}$，小航天器质量 $m = 20\,\text{kg}$。式（3.25）～式（3.28）的状态变量初值分别为 $\theta(t_0) = 0$、$\omega(t_0) = 0$、$L(t_0) = 3000\,\text{m}$、$V(t_0) = 0$。

先利用式（4.18）进行求解。问题的解在图 4.1 所示的外层窗口中可以看到。边值问题在参数 t_p、$T_{\max}$、t_k 的初始近似值为[1500,2,2300]的情况下进行求解，初值在命令行窗口中设置。参数 $T_{\min} = 0.02\,\text{N}$。边值问题不会立刻被成功求解。当目标函数［见式（3.30）］的加权系数 $c_1 = c_2 = c_3 = c_4 = 1$ 时，系绳展开的最终速度约为 2.5 m/s，这个值比较大，这是不允许的。因此，将加权系数 c_4 增大到 10，之后得到相应的解。在图 4.1 所示的外层窗口中可以看到，所得解是完全可以接受的。边值问题求解的结果在程序 Work33.xmcd 中确认，并在该程序中绘制曲线图，如图 4.8 和图 4.9 所示。

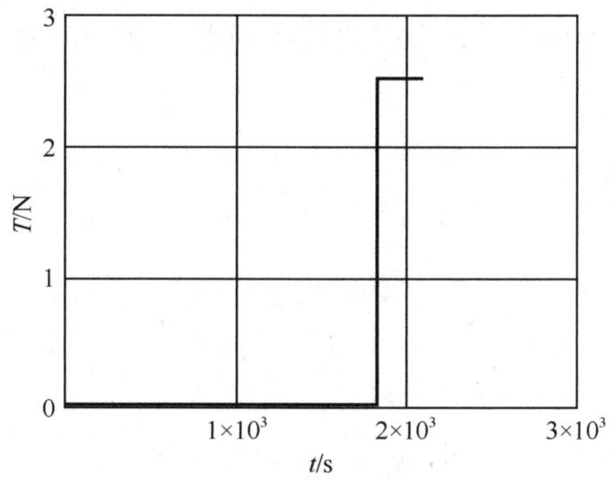

图 4.8　系绳张力变化曲线（采用继电展开控制律）

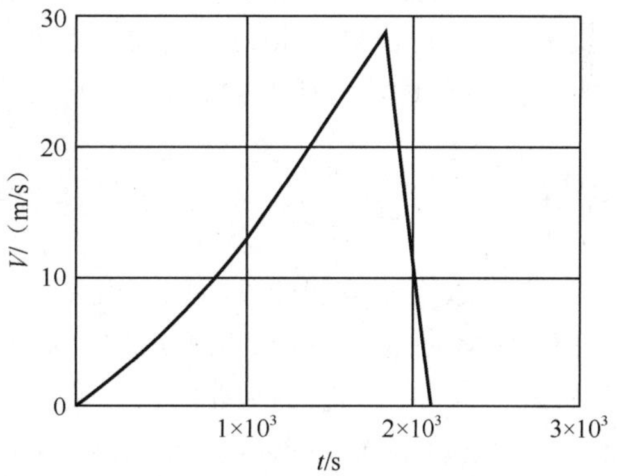

图 4.9　系绳展开速度变化曲线（采用继电展开控制律）

接下来采用平滑张力控制律［见式（4.19）］对边值问题进行求解。将第一阶段获得的参数值作为初始近似值，即 $t_\text{p} = 1803\,\text{s}$、$T_{\max} = 2.1606\,\text{N}$、$t_k = 2100\,\text{s}$。其他参数的初始近似值为 $T_{\min} = 0.02\,\text{N}$、$k = 0.002$。边值问题不会立刻被成功求解。在目标函数［见式（3.30）］的加权系数 $c_1 = c_2 = c_3 = 1$、$c_4 = 10$ 时，系绳展开的最终速度约为 7.4m/s，这个值比较大，这是不允许的。因此，将加权系数 c_4 增大到 100，之后得到相应的解。在图 4.5 所示的外层窗口中可以看到，所得解是完全可以接受的，这个解为 $t_\text{p} = 1836.5\,\text{s}$、$T_{\max} = 2.1075\,\text{N}$、$t_k = 2200\,\text{s}$、$T_{\min} = 0.0203\,\text{N}$、$k = 0.0020274$。边值问题求解的结果在程序 Work33.xmcd 中确认，并在该程序中绘制曲线图，如图 4.10 和图 4.11 所示。

当搜寻目标函数值最小时，在程序 M33.m 中应考虑限制条件 $T > 0.02\,\text{N}$、$T_{\max} > T_{\min}$、$V > 0$。如果限制条件被破坏了，就要在目标函数中补充惩罚函数。

在图 4.11 中，虽然系绳展开速度达到了 0，但是仍然有加速度，从而会导致振荡。因此，在控制律设计过程中，需要同时将减速阶段末的系绳展开速度与加速度降为 0。

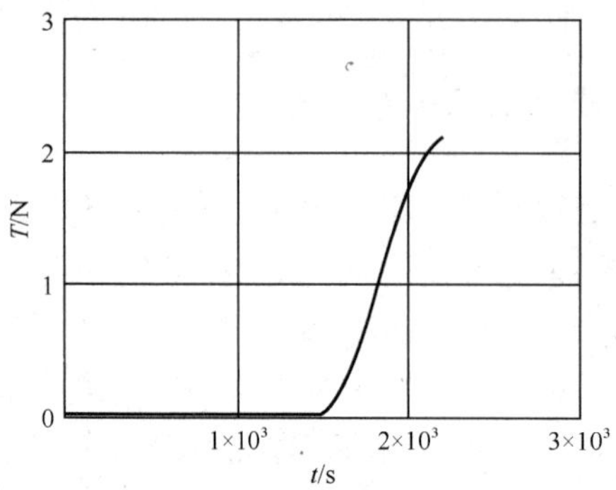

图 4.10　系绳张力变化曲线（采用平滑张力控制律）

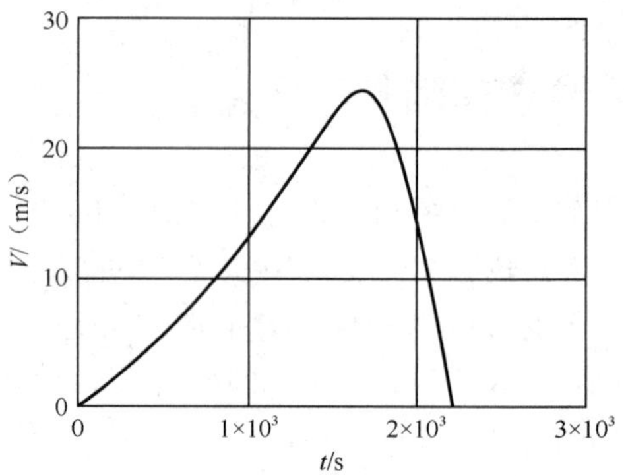

图 4.11　系绳展开速度变化曲线（采用平滑张力控制律）

4.6　小结

本章研究了系绳与地垂线有偏离的空间系绳系统快速展开的边值问题，采用了下山单纯形算法求解此问题，并以求解定圆轨道高度 H 为例，利用 MATLAB Simulink 软件构建模型求解了实际边值问题，最终得到了空间系绳系统快速展开的系绳张力变化曲线与系绳展开速度变化曲线，完成了标称程序的设计。

练习题

1. 在完成第 4 章的任务时状态变量的初值应该采用第 3 章中得到的这些变量的终值。这些值在程序 Modelwork3.mdl 和 Modelwork33.mdl 的模块 Integrator 中设置。本题使用不同的系绳最终长度 L_k 和小航天器质量 m，这两个值在程序 M3.m 和 M33.m 中设置，并在程序 Modelwork3.mdl 和 Modelwork33.mdl 的模块 Tether system、T 中进行相应设置。

按照本章所介绍的方法求解给定如下条件时的边值（基站航天器轨道高度取第 3 章练习题 1 中对应的原值）：

- $L_k = 30000\,\text{m}$， $m = 12\,\text{kg}$。
- $L_k = 30000\,\text{m}$， $m = 20\,\text{kg}$。
- $L_k = 25000\,\text{m}$， $m = 20\,\text{kg}$。
- $L_k = 35000\,\text{m}$， $m = 12\,\text{kg}$。
- $L_k = 40000\,\text{m}$， $m = 12\,\text{kg}$。
- $L_k = 40000\,\text{m}$， $m = 20\,\text{kg}$。
- $L_k = 25000\,\text{m}$， $m = 12\,\text{kg}$。
- $L_k = 35000\,\text{m}$， $m = 20\,\text{kg}$。

2. 简述空间系绳系统继电展开控制律的特点。
3. 简述快速展开控制律的特点。
4. 简述对继电展开控制律进行平滑处理的原因。
5. 在求解边值问题时，针对继电展开控制律应选取哪些参数？
6. 在求解边值问题时，针对平滑张力控制律应选取哪些参数？
7. 快速展开控制律边值问题的求解有哪几个阶段？
8. 在目标函数中为什么要改变加权系数？
9. 影响快速展开控制平滑性的参数有哪些？

第 5 章　基于空间系绳系统从轨道返回的返回舱进入大气层的条件计算

5.1　引言

空间系绳系统在返回系统中的应用得到很大关注。返回舱在从空间站返回地面时，使用系绳技术能够实现无需推进器，从而节约能源，而且与传统的返回操作相比具有安全性更好、着陆精度更高等优势。采用空间系绳系统辅助返回方式，有利于缓解今后返回舱从空间站频繁返回地面的压力。

本章针对空间系绳系统将携带有效载荷的返回舱送入大气层的条件展开计算。将返回舱进入大气层的条件描述为进入大气层名义边界（高度为 110km）的再入速度 V_a 和再入角（相对于地平线的轨迹倾斜角）θ_a 。

空间系绳系统的整体运动过程描述：先将系绳展开到与地垂线的夹角为 θ_k 的位置；然后系绳做重力摆运动；再使系统稳定在地垂线附近（考虑一般情形，与地垂线的夹角为 θ ），此时可算得 V_0 、θ_0 ；最后切断系绳，通过能量积分和面积积分求出返回舱进入大气层时的再入速度 V_a 及再入角 θ_a 。

5.2　动态辅助返回再入概述

本章采用的动态返回方案主要包括四个阶段：第一阶段，安全释放阶段，利用弹射装置将带系绳的返回舱从基站航天器沿地垂线方向弹出，并缓慢展开到地垂线位置；第二阶段，快速释放与制动阶段，使系绳达到设定的长度 L_k 和最大偏离角 θ_k ；第三阶段，回摆阶段，返回舱以基站航天器为中心，以角速度 $\Omega=\dot{\theta}$ 做重力摆运动；第四阶段，在地垂线位置采用熔断技术切断系绳，使返回舱进入过渡椭圆轨道，并在过渡椭圆轨道上向着大气层运动，在大气层边界处以合适的再入角 θ_a 和再入速度 V_a 从再入点进入大气层。空间系绳系统辅助返回原理图如图 5.1 所示。

返回舱只有顺利且以合适的再入条件进入大气层，才能安全返回。再入条件主要包括再入角和再入速度。在弹道式返回中，再入角是返回舱再入的主要影响因素。在返回过程中，航天器在大气层中受到的气动力、载荷及其航程等都受再入角大小的影响。若再入角过小，则航天器可能无法顺利进入大气层；若再入角过大，则航天器可能因受到的空气阻力过大而过载，与此同时还可能因受到过大的气动力而过热，不利于返回舱安全返回。总之，再入角过小或过大都不利于返回舱顺利返回。因此，空间系绳系统辅助返回的再入角通常在1.3°～1.8°范围内选取。

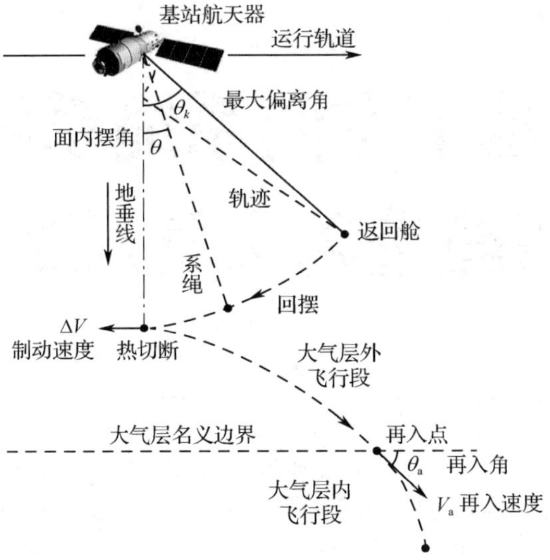

图 5.1　空间系绳系统辅助返回原理图

5.3　大气层返回条件计算

5.3.1　返回舱的相对速度计算

返回舱进入大气层的条件是通过解析其在地球中心重力场中的无扰动运动方程得到的。本节研究的是返回舱的平面运动，用到的原始数据有基站航天器轨道高度 H 、空间系绳系统展开第二阶段结束时系绳相对于地垂线的偏离角 θ_k 、系绳长度 L_k 和返回舱质量 m 。

计算分两个阶段进行。

（1）在系绳展开至接近地垂线位置之前，携带有效载荷的返回舱（恒定绳长）的运动阶段。

（2）在切断系绳后，返回舱到达大气层名义边界前在地球中心重力场中的自由运动阶段。

在返回舱运动时，将空间系绳系统看作轨道重力摆，这种摆的运动由 $V=0$ 时的系统模型描述。将式（2.23）转化成一个二阶导数方程，可得

$$\frac{\mathrm{d}^2\theta}{\mathrm{d}t^2}+\frac{3}{2}\Omega^2\sin 2\theta=0 \tag{5.1}$$

式（5.1）的第一积分（能量积分）为

$$\omega^2-\frac{3}{2}\Omega^2\cos 2\theta=C=\mathrm{const} \tag{5.2}$$

式中，C 为任意常数。

如果快速展开结束时系绳偏离角为 θ_k 且相对于地垂线的角速度 $\omega_k=0$ ，那么任意常数为

$$C=-\frac{3}{2}\Omega^2\cos 2\theta_k$$

将上式代入式（5.2），就可以确定单摆偏离角为 θ 时做重力摆运动的返回舱相对于地垂线的角速度，即

$$\omega=\Omega\sqrt{\frac{3}{2}(\cos 2\theta-\cos 2\theta_k)} \tag{5.3}$$

返回舱相对于地垂线的速度为

$$V_{\rm r} = \Omega L_k \sqrt{\frac{3}{2}(\cos 2\theta - \cos 2\theta_k)} \tag{5.4}$$

式中，L_k 为空间系绳系统展开结束时的系绳长度。

5.3.2　返回舱的牵连速度计算

返回舱的速度除相对于地垂线的速度外，还有牵连速度。由于返回舱与空间系绳系统一起相对于引力中心以角速度转动，因此牵连速度可以由如下表达式确定：

$$V_{\rm e} = \Omega r_0 \tag{5.5}$$

式中，r_0 为返回舱质心相对于引力中心的矢径模量。

当切断系绳时，矢径模量 r_0 可以按照图 5.2 所示的速度矢量图根据余弦定理确定：

$$r_0 = \sqrt{L_k^2 + R_0^2 - 2L_k R_0 \cos\theta} \tag{5.6}$$

式中，R_0 为基站航天器质心轨道半径。这里假设基站航天器质量远大于返回舱质量，因此整个系统的质心与基站航天器质心近似重合。

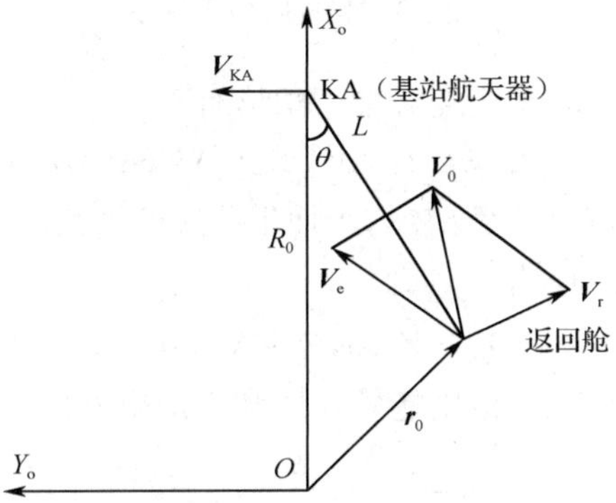

图 5.2　速度矢量图

5.3.3　返回舱运动的初始条件计算

切断系绳时返回舱的初始速度可以根据如下表达式确定：

$$\boldsymbol{V}_0 = \boldsymbol{V}_{\rm e} + \boldsymbol{V}_{\rm r} \tag{5.7}$$

式中，$\boldsymbol{V}_0$ 的模量和这个角速度相对于地平线的倾角可以根据如下表达式确定：

$$V_0 = \sqrt{V_{\rm e}^2 + V_{\rm r}^2 - 2V_{\rm e} V_{\rm r} \cos(\theta + \psi)} \tag{5.8}$$

$$\theta_0 = \arctan\frac{V_{\rm r} \sin(\theta+\psi)}{V_{\rm r} \sin(\theta+\psi) - V_{\rm e}} \tag{5.9}$$

式中，$\psi = \arcsin\left(\dfrac{L_k}{r_0}\sin\theta\right)$。

5.3.4　返回舱进入大气层的条件计算

大气层外飞行段如图 5.3 所示。在地垂线处切断系绳之后，返回舱进入过渡椭圆轨道，切断点（1 点）处为过渡椭圆轨道远地点，其到地心的距离 $r_0 = R_0 - L_k$，近地点未知。从 1 点到

2 点的椭圆轨道飞行段称为大气层外飞行段，由于距离地面的高度是不断减小的，因此此段又称为大气层外自由下降段。假设大气层从半径为 r_a 的虚线圆处开始，由于该段时间较短且返回舱表面积较小，因此可忽略该段的气动力作用。返回舱到达大气边界层以后，从再入点（2 点）处进入大气层。

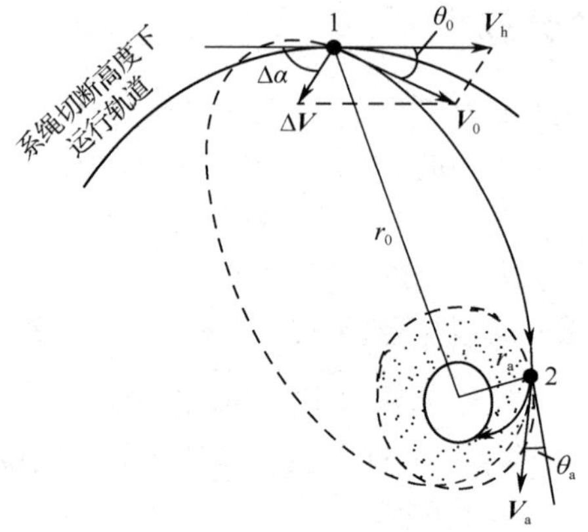

图 5.3　大气层外飞行段

在 1 点，根据余弦定理，对于速度矢量三角形有

$$V_0^2 = V_h^2 + \Delta V^2 - 2V_h \Delta V \cos\Delta\alpha \tag{5.10}$$

式中，制动角 $\Delta\alpha = \theta + \psi$ 为制动速度 ΔV 与当地水平线的夹角；V_h 为切断点处的轨道速度。

若将 V_0 和 ΔV 向 V_h 投影，则有

$$V_h = V_0 \cos\theta_0 + \Delta V \cos\Delta\alpha \tag{5.11}$$

从 1 点到 2 点为轨道飞行段，根据能量守恒和动量矩方程，可得

$$h = V_0^2 - 2\frac{\mu}{r_0} = V_a^2 - 2\frac{\mu}{r_a} \tag{5.12}$$

$$c = r_0 V_0 \cos\theta_0 = r_a V_a \cos\theta_a \tag{5.13}$$

式中，$r_a = R_e + H_a$，其中 $R_e = 6371.02\text{km}$，为地球平均半径，$H_a = 110\text{km}$，为大气层名义边界高度；$\mu = 398600\text{km}^3/\text{s}^2$，为地心引力常数。

由此可得，进入大气层时的再入速度和再入角计算公式为

$$V_a = \sqrt{h + 2\frac{\mu}{r_a}},\quad \cos\theta_a = \frac{c}{r_a V_a} \tag{5.14}$$

5.3.5　问题求解示例

本节示例研究的是返回舱进入大气层的条件，给定系绳长度 $L_k = 30000\text{m}$、基站航天器轨道高度 $H = 300\text{km}$，$\theta_k = 56°$。利用上述公式可得 $V_a = 7.837\text{km/s}$，$\theta_a = 1.498°$。除计算大气层再入标称条件外，了解原始数据变化时再入条件是如何变化的也很重要，因为在现实中不一定能实现理想的再入条件。建立在误差范围 $\Delta L = \pm 0.1 L_k$ 内再入速度、再入角与系绳长度的关系。这个问题可以借助程序 Work4.xmcd 和 Work5.xmcd 解决，该程序中构建了系绳长度为 $0.9L_k$～$1.1L_k$ 的计算过程。

图 5.4 和图 5.5 分别展示了再入速度、再入角与系绳长度的关系。由此可知，它们之间的关系近似为线性函数。保证给定的再入角是非常重要的，因为返回舱的飞行距离和在稠密大气层中产生的热气流对再入角的变化很敏感。若再入角 θ_a 过大，则返回舱将与大气产生激烈摩擦，可能会导致返回舱损坏。若再入角 θ_a 过小，则返回舱有可能被弹出，无法进入大气层。再入角 θ_a 的取值一般为 0.5°～3°。为了便于比较，图 5.6 给出了 $\theta_k = 0°$（系绳在垂直位置处于静止状态）时再入角与系绳长度的关系。在这种情况下，再入角减小为原来的 1/3，再入速度也变得很缓慢。由图 5.6 可以看出，当返回舱还能进入大气层（$\theta_a > 0°$）时，系绳长度将减小到极限值附近，即达到最小值。

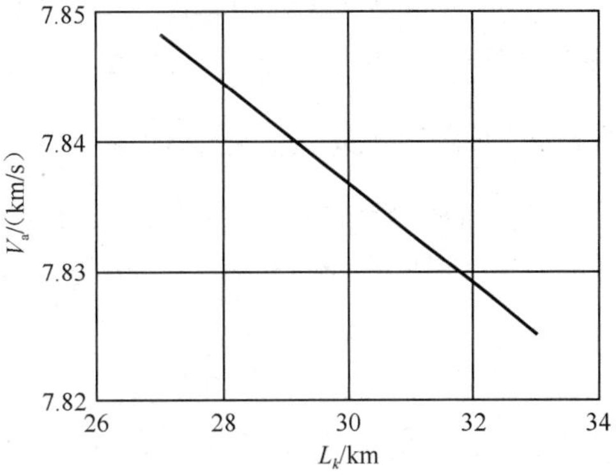

图 5.4　再入速度与系绳长度的关系

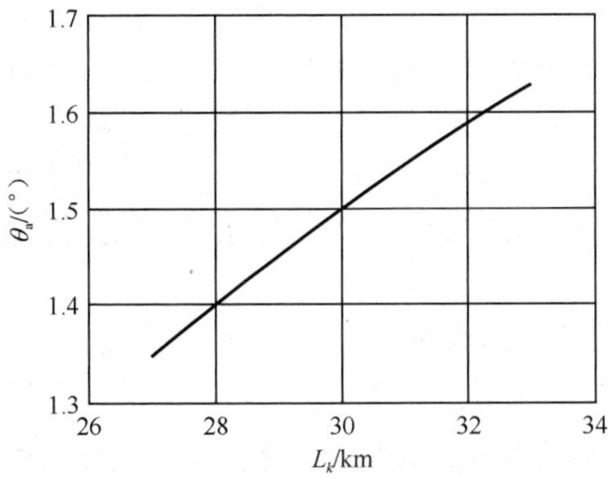

图 5.5　再入角与系绳长度的关系（$\theta_k \neq 0°$）

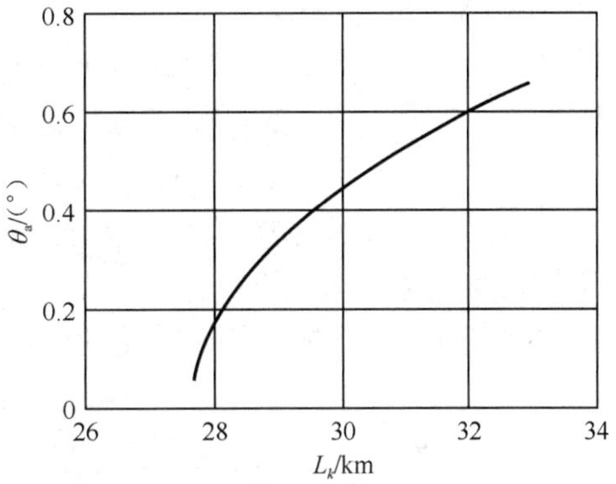

图 5.6　再入角与系绳长度的关系（$\theta_k = 0°$）

5.4　空间系绳系统辅助返回控制律设计

本章采用两阶段展开方案：第一阶段为静态展开，主要目的是保证返回舱与基站航天器安全分离；第二阶段为动态展开，最终目的是将返回舱送到系绳与地垂线的偏离角约为 50°的位置，系绳展开最终速度为 0。第一阶段采用张力控制策略，基于最优振荡阻尼的思想，采用最优振荡阻尼控制律；第二阶段在庞特里亚金极大值原理的基础上，提出继电展开控制律。只需采用合适的优化方法，即可获得每个阶段的系绳标称展开控制力。

空间系绳系统辅助返回的标称轨迹设计在第一阶段主要采用下山单纯形算法获得控制律参数，在第二阶段采用庞特里亚金极大值原理获得最大、最小系绳张力。庞特里亚金极大值法是典型的间接法，间接法的缺点是对协态变量的初值十分敏感，难以求出最优控制量的精确解，因此常采用下山单纯形算法、遗传算法和粒子群算法等优化算法。

5.4.1　第一阶段静态展开控制律

第一阶段采用返回舱运动轨迹为圆圈的控制律，将返回舱缓慢、安全地送到地垂线位置，控制律如下：

$$T = m\Omega^2\left[aL(t) + b\frac{V(t)}{\Omega} - cL_{k1}\right] \tag{5.15}$$

式中，Ω 为基站航天器角速度；L_{k1} 为第一阶段系绳展开长度；$L(t)$ 为实时绳长；$V(t)$ 为实时展开速度；a、b、c 为控制律参数。

5.4.2 第二阶段动态展开控制律

第二阶段的主要任务是将返回舱送到系绳与地垂线呈一定偏离角的位置。

根据庞特里亚金极大值原理得到系绳张力变化的最优程序，参数化后取下列形式：

$$T = \begin{cases} T_{\min}\ (L < L_{\mathrm{n}}) \\ T_{\max}\ (L \geqslant L_{\mathrm{n}}) \end{cases} \tag{5.16}$$

式中，$T_{\min}$、$T_{\max}$、L_{n} 为控制律参数。

5.4.3 第一阶段约束条件和性能指标函数

第一阶段的初始条件为

$$L(0) = 0.1\mathrm{km},\ V(0) = 2.5\mathrm{m/s},\ \theta(0) = 0,\ \dot{\theta}(0) = 0 \tag{5.17}$$

根据第一阶段的展开要求得到的终端条件为

$$L(t_{\mathrm{f1}}) = L_{k1},\ V(t_{\mathrm{f1}}) = 0,\ \theta(t_{\mathrm{f1}}) = 0,\ \dot{\theta}(t_{\mathrm{f1}}) = 0 \tag{5.18}$$

式（5.15）所示的控制律可以作为独立的参数控制律来研究，根据上述条件，采用优化算法即可求出合适的 a、b、c 参数值。

根据第一阶段的终端条件，采用的终端二次性能指标函数为

$$J_1 = c_1\theta_{t_{\mathrm{f1}}}^2 + c_2\dot{\theta}_{t_{\mathrm{f1}}}^2 + c_3(L_{t_{\mathrm{f1}}} - L_{k1})^2 + c_4V_{t_{\mathrm{f1}}}^2 + c_5t_{\mathrm{f1}}^2 \tag{5.19}$$

式中，c_1、c_2、c_3、c_4、c_5 为加权系数，在进行目标函数设计时，必须合理选择加权系数，否则将影响优化结果；L_{k1} 为第一阶段系绳设定展开长度，这里取 $L_{k1} = 3\mathrm{km}$。

5.4.4 第二阶段约束条件和性能指标函数

本章采用的两阶段展开方案中第二阶段为动态展开，将返回舱从第一阶段结束时所处的地垂线位置送到预定偏离角位置。因此，第二阶段的初始条件为第一阶段的终端条件，第二阶段的终端条件为

$$L(t_{\mathrm{f2}}) = 30\mathrm{km},\ V(t_{\mathrm{f2}}) = 0,\ \theta(t_{\mathrm{f2}}) = \theta_k,\ \dot{\theta}(t_{\mathrm{f2}}) = 0 \tag{5.20}$$

同理，利用上述边值问题，采用一定的优化算法，即可求出第二阶段的控制律参数：总的释放时间 T_{f2} 和系绳张力 $T = [T_1, T_2, \cdots, T_{12}]$。

根据第二阶段的终端条件，采用的终端二次性能指标函数为

$$J_2 = c_1(\theta_{t_{\mathrm{f2}}} - \theta_k)^2 + c_2\dot{\theta}_{t_{\mathrm{f2}}}^2 + c_3(L_{t_{\mathrm{f2}}} - L_k)^2 + c_4V_{t_{\mathrm{f2}}}^2 + c_5t_{\mathrm{f2}}^2 \tag{5.21}$$

式中，θ_k 为第二阶段设定的最大偏离角；L_k 为设定的系绳展开长度。

另外，由于系绳张力始终不会存在被压缩的情况，并且要防止系绳展开过程中出现系绳缠绕航天器的情况，因此展开速度始终应大于 0。也就是说，在展开过程中必须满足以下约束条件：

$$T(t) > 0,\ V(t) > 0 \tag{5.22}$$

5.4.5　空间系绳展开和释放返回舱的过程

本节仿真的是基于假设从空间站上通过系绳释放一个返回舱，在系绳全部展开后剪断系绳，使返回舱返回地面的过程，其中空间站质量为 8 500kg，返回舱质量为 20kg，空间站的轨道高度为 350km。本节对长度为 30km 的系绳进行展开实验。第一阶段控制律参数分别为 $a=4.6$，$b=3.5$，$c=1.6$；第二阶段控制律参数分别为 $T_{\min}=0.02\,\text{N}$，$T_{\max}=1.018\,\text{N}$，$L_{\text{n}}=24.17\text{km}$。此时，系绳与地垂线的最大偏离角约为 50°。

系绳的展开过程主要分为三个阶段。第一阶段返回舱以零相对速度到达地垂线位置，在这个阶段，系绳以较小的速度展开，系绳的最终展开长度约为 3km，占用时间约为 6000s。第二阶段系绳展开速度比较大，系绳的最终展开长度约为 27km，占用时间约为 2800s。最终目的是将返回舱送到系绳与地垂线呈一定偏离角的位置，系绳展开最终速度为 0。第三阶段系绳的展开变为返回舱的自由摆动，在返回舱通过地垂线位置时切断系绳。系绳展开过程中返回舱相对于空间站的轨迹图如图 5.7 所示。

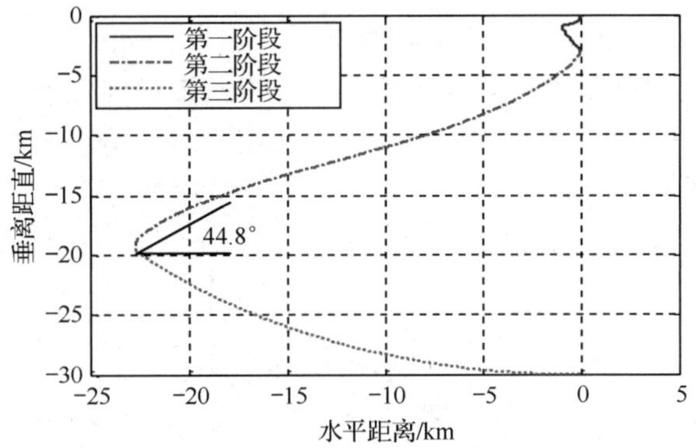

图 5.7　系绳展开过程中返回舱相对于空间站的轨迹图

在返回舱通过地垂线位置时切断系绳，有效制动冲量最大，返回舱进入大气层时的再入角最大，本节算得返回舱进入大气层时的再入角为1.46°，满足进入大气层的要求。本节选取的进入大气层的高度为 110km，返回舱相对于空间站的轨迹图如图 5.8 所示。

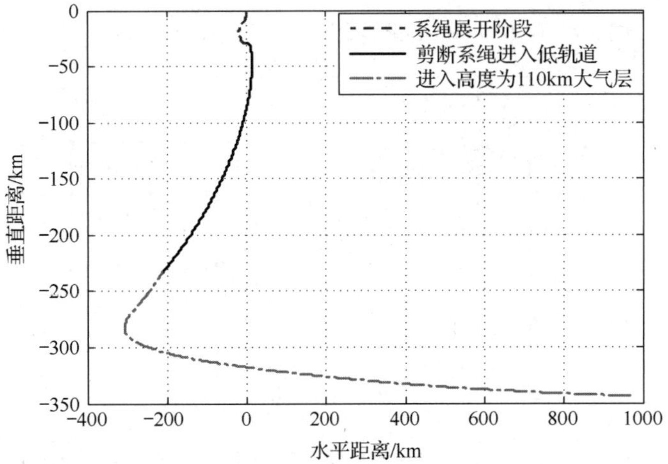

图 5.8　返回舱相对于空间站的轨迹图

5.5 不同条件对返回任务的影响

空间系绳系统所处的太空环境复杂，常受到大气摄动、地球扁率摄动、星体摄动等外在摄动力的影响。以高度为 300km 的空间站作为基站航天器，系绳展开 30km 所需时间约为 2h，大气摄动、地球扁率摄动的影响不断累积，必然会造成系绳的实际展开状态与标称展开状态之间的误差。本节先在圆轨道下分析各终端状态（如绳长、最大偏离角、轨道高度、切断角等）对再入条件的影响，再在椭圆轨道下分析偏心率、真近点角等因素对再入条件的影响。

5.5.1 圆轨道下再入条件的仿真分析

基站航天器运行在圆轨道上，仿真参数选择：地心引力常数 $\mu = 398600\text{km}^3/\text{s}^2$，地球平均半径 $R_e = 6371.02\text{km}$，系绳线密度 $\rho = 0.2\text{kg/km}$，大气层名义边界高度 $H_a = 110\text{km}$。

1. 在不同基站航天器轨道高度下绳长对再入条件的影响

取绳长为 20～140km，在基站航天器轨道高度分别为 250km、300km、350km、400km、450km、500km，最大偏离角为−56°的条件下，分析绳长对再入条件的影响。在不同基站航天器轨道高度下绳长对再入角的影响如图 5.9 所示。在不同基站航天器轨道高度下绳长对再入速度的影响如图 5.10 所示。

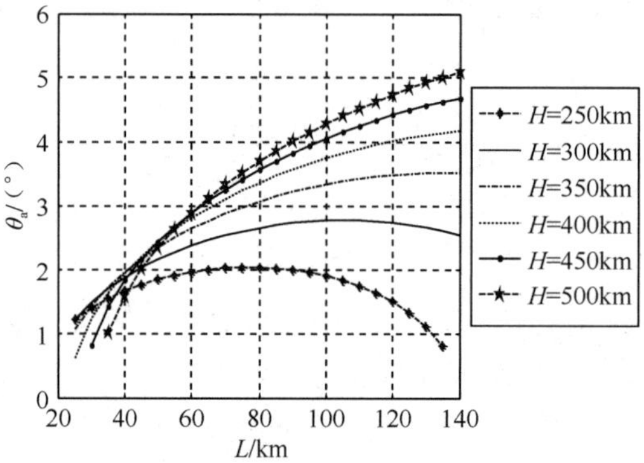

图 5.9 在不同基站航天器轨道高度下绳长对再入角的影响

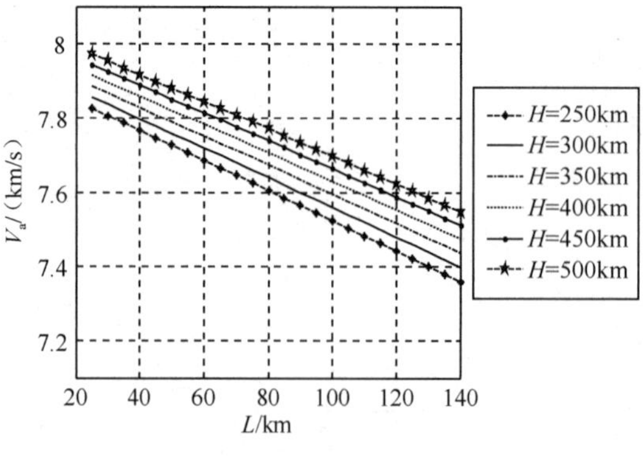

图 5.10 在不同基站航天器轨道高度下绳长对再入速度的影响

由图 5.9 可以看出，在绳长约为 35km 时，出现了曲线相交的情况，此时各基站航天器轨道高度下的再入角约为 1.8°，可以把这个交点视作不同基站航天器轨道高度下满足再入条件的共同绳长点。当绳长小于共同绳长点对应的绳长时，基站航天器轨道高度越大，随着绳长的逐渐减小，得到的再入角的减小趋势越大，并且基站航天器轨道高度大的再入角减小速度比基站航天器轨道高度小的再入角减小速度快。例如，若基站航天器轨道高度为 500km，则当绳长为 32km 时，再入角就趋于 0°；若基站航天器轨道高度为 250km，则当绳长为 11km 时，再入角才趋于 0°，此时返回舱无法进入大气层。在 250～350km 的基站航天器轨道高度范围内，随着绳长的增大，会出现绳长与再入角的极值，若绳长大于极值，则随着绳长的增大，再入角逐渐减小并趋于 0°。当基站航天器轨道高度大于 350km 时，随着绳长的增大，再入角单调递增。

由图 5.10 可以看出，在不同基站航天器轨道高度下，绳长与再入速度呈线性负相关关系，即随着绳长的增大，再入速度一直减小。因此，可以写出再入速度与基站航天器轨道高度和绳长的线性关系式：$V_{\mathrm{a}} = k_1 H + k_2 L + c$ 。采用下山单纯形算法求最优解，可得 $k_1 = 0.0007$ ，$k_2 = -0.004$ ，$k_3 = 7.7541$ ，所以有

$$V_{\mathrm{a}} = 0.0007H - 0.004L + 7.7541 \tag{5.23}$$

2. 在不同基站航天器轨道高度下绳长对最大偏离角的影响

要考虑最大偏离角对再入条件的影响，必须先知道最大偏离角的取值范围。下面对在不同基站航天器轨道高度和绳长下最大偏离角的变化情况进行分析。

图 5.11 所示为在不同基站航天器轨道高度和绳长下最大偏离角的取值范围。由图 5.9 可知，在满足再入角在 1.3°～1.8° 范围内的条件下，最大绳长在 25～50km 范围内。图 5.11 是在满足再入角条件下得到的仿真结果。从图 5.11 中可以看出，随着绳长的增大，最大偏离角在 –50°～–66° 范围内呈近似二次非线性规律，且基站航天器轨道高度对最大偏离角的影响很小。因此，可以考虑最大偏离角只与绳长有关，通过最小二乘法拟合可得到如下关系式：

$$\theta_k = 0.0127L^2 - 1.5394L - 20.7186 \tag{5.24}$$

绳长与最大偏离角的拟合关系曲线如图 5.12 所示。

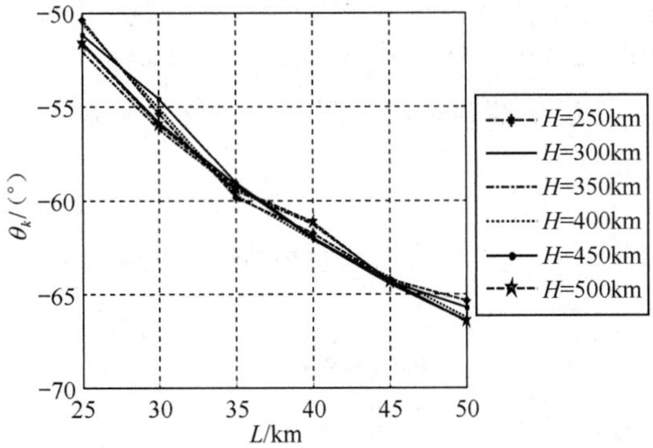

图 5.11　在不同基站航天器轨道高度和绳长下最大曲线偏离角的取值范围

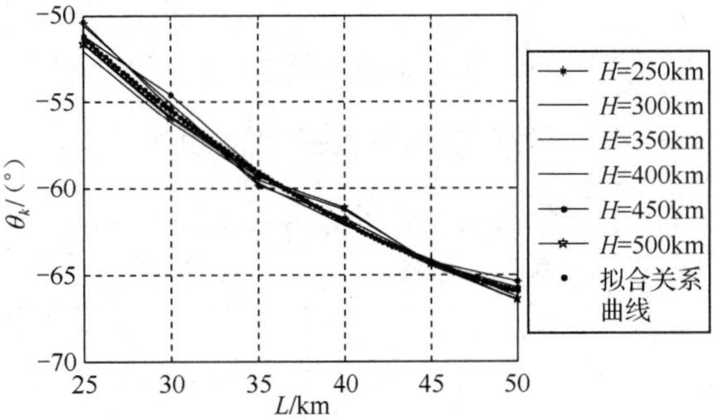

图 5.12　绳长与最大偏离角的拟合关系

3. 在不同绳长下最大偏离角对再入条件的影响

由图 5.11 可知，基站航天器轨道高度对最大偏离角的影响很小，因此只考虑绳长对最大偏离角的影响。在分析最大偏离角对再入条件的影响时，只分析在不同绳长下最大偏离角对再入条件的影响。

根据图 5.11，取最大偏离角范围为 –53°～–65°，根据图 5.9，取绳长范围为 28～38km。

图 5.13、图 5.14 分别给出了在不同绳长下最大偏离角对再入角和再入速度的影响。从图 5.13 中可以看出，在不同绳长下，再入角与最大偏离角绝对值呈线性正相关关系，即随着最大偏离角绝对值的减小，再入角一直减小。采用下山单纯形算法确定最优参数，可以拟合出再入角与最大偏离角和绳长的线性关系表达式：

$$\theta_{\mathrm{a}} = 0.0586L - 0.0098\theta_k - 0.8724 \tag{5.25}$$

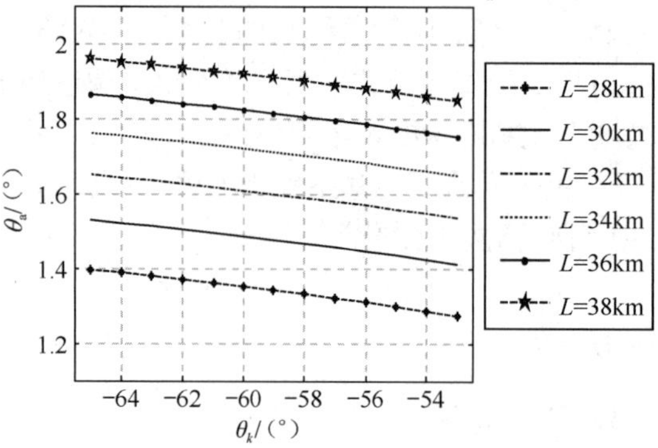

图 5.13　在不同绳长下最大偏离角对再入角的影响

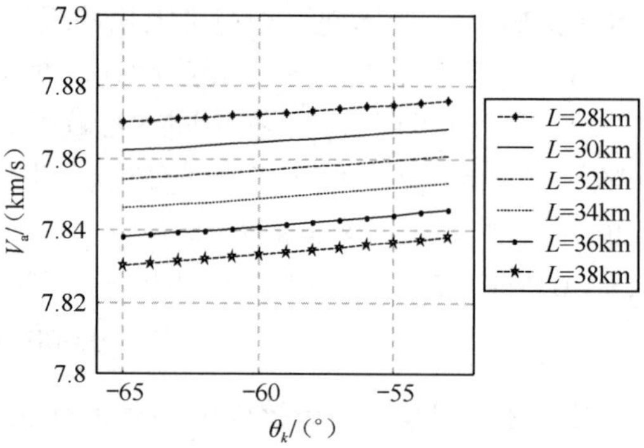

图 5.14　在不同绳长下最大偏离角对再入速度的影响

同理，根据图 5.14 可以得到再入速度与最大偏离角和绳长的线性关系表达式：

$$V_{\mathrm{a}} = -0.0039L + 0.0005\theta_k + 8.0129 \tag{5.26}$$

结合式（5.24）、式（5.25）和式（5.26），可以直接得出再入角 θ_{a} 和再入速度 V_{a} 与绳长 L 的直接关系式：

$$\begin{cases} \theta_{\mathrm{a}} = -0.00012446L^2 + 0.0737L - 0.6694 \\ V_{\mathrm{a}} = 0.00000635L^2 - 0.0047L + 8.0235 \end{cases} \tag{5.27}$$

式（5.27）必须满足绳长范围为 28～38km 。由图 5.9 可知，如果绳长不在 28～38km 范围内，那么各基站航天器轨道高度下的再入条件随绳长的变化相差很大，很难得到统一的关系式。根据式（5.27），通过给定的绳长，可以知道再入条件。当然也可以逆推，即根据再入条件可以得到绳长的大概取值，因为上文中已指出，基站航天器轨道高度对再入条件的影响很小。

4. 系绳质量对再入条件的影响

下面分析系绳质量对再入条件的影响。图 5.15 所示为基站航天器轨道高度为 400km 时系绳质量对再入角的影响。

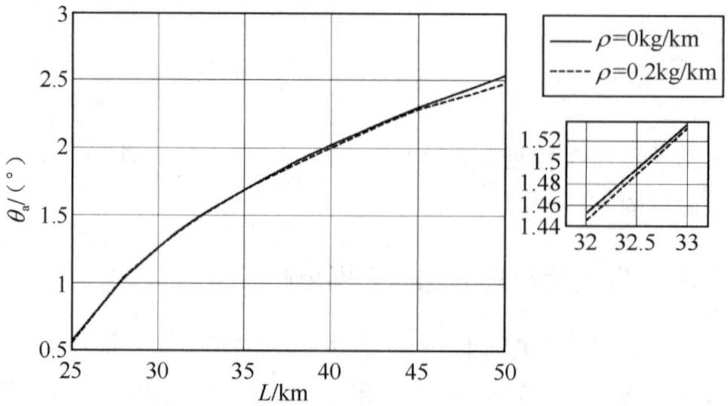

图 5.15　基站航天器轨道高度为 400km 时系绳质量对再入角的影响

由图 5.15 可知，在满足再入条件的情况下，系绳质量对再入角的影响很小，特别是当绳长不足 45km 时，系绳质量对再入角几乎没有影响。因此，在以后的再入条件分析中可以忽略系绳质量的影响，以简化空间系绳系统的运动学方程。

5. 切断角对再入条件的影响

在以往的研究中，总是假设在地垂线处切断系绳，以获得最大的制动冲量。但是，由于存在测量误差或执行机构动作具有延时性，因此在切断系绳时切断角不一定为 0°，即在切断系绳时返回舱并不是刚好经过地垂线位置。下面对切断角不为 0° 对再入角的影响进行仿真分析。为了比较不同基站航天器轨道高度下切断角对再入条件的影响，取基站航天器轨道高度分别为 300km、400km、500km，此时满足再入角为1.5° 条件的绳长分别为30km、33km、39km 。切断角 θ_q 对返回舱航迹仰角 θ_0 、初始速度 V_0 、再入角 θ_a 、再入速度 V_a 的影响分别如图 5.16～图 5.19 所示。

当返回舱做回摆运动时，若不在地垂线处切断系绳，则制动冲量和轨道速度不在当地水平线上，此时制动角 $\Delta\alpha$ 、返回舱航迹仰角 θ_0 不为 0°，产生了与在地垂线处切断系绳不同的初始条件。图 5.16～图 5.19 反映出，当切断角在 −20°～20° 范围内变化时，产生一定的返回舱航迹仰角，进而对再入角和再入速度产生影响。由图 5.18 可知，切断角对高基站航天器轨道下再入角的影响较大，如果取的再入角不小于1.4°，则 500km 基站航天器轨道高度下的切断角绝对值不能大于10°，400km 基站航天器轨道高度下的切断角绝对值不能大于 12°，300km 基站航天器轨道高度下的切断角绝对值可以达到16°。因此，在满足再入条件的情况下，不同基站航天器轨道高度对切断角误差的控制范围不同。

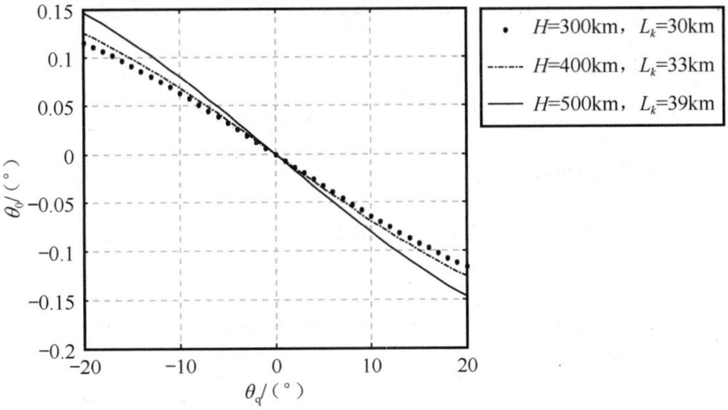

图 5.16　切断角对返回舱航迹仰角的影响

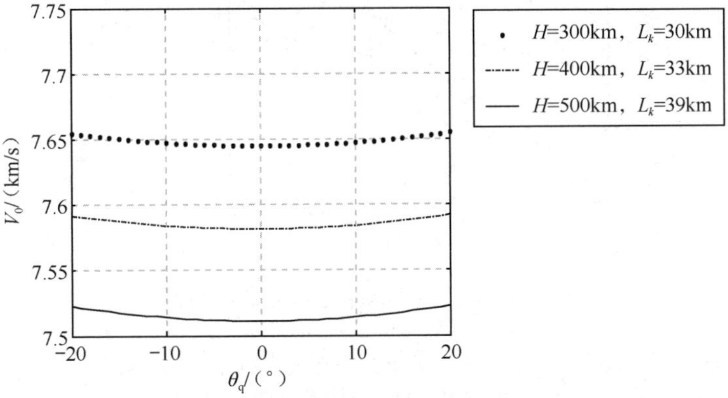

图 5.17　切断角对初始速度的影响

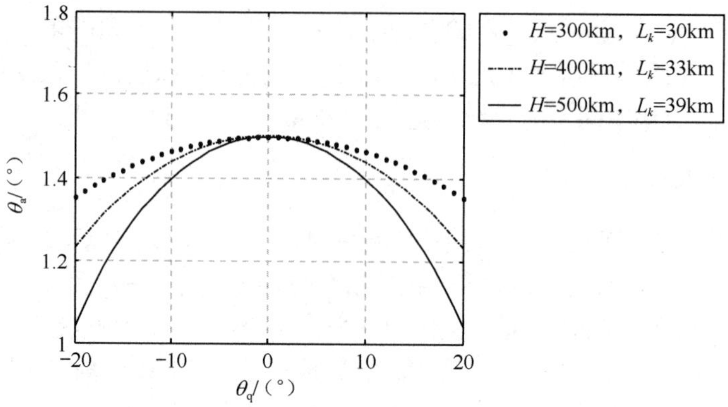

图 5.18　切断角对再入角的影响

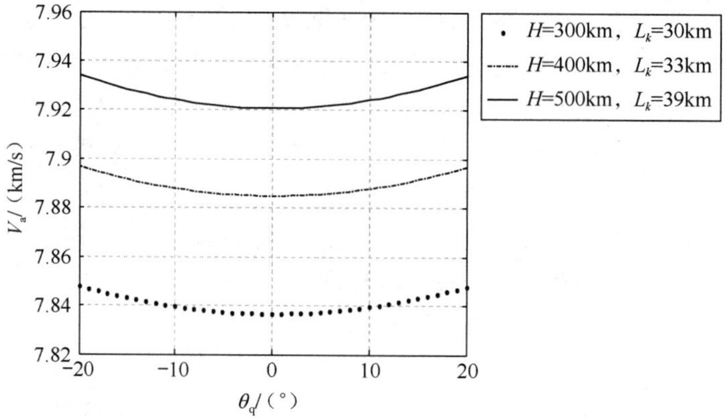

图 5.19　切断角对再入速度的影响

6. 合适的再入条件下的绳长范围

式（5.27）给出了在满足再入条件时再入角和再入速度与绳长的直接关系式。图 5.20 所示为合适的再入角与绳长的关系曲线。

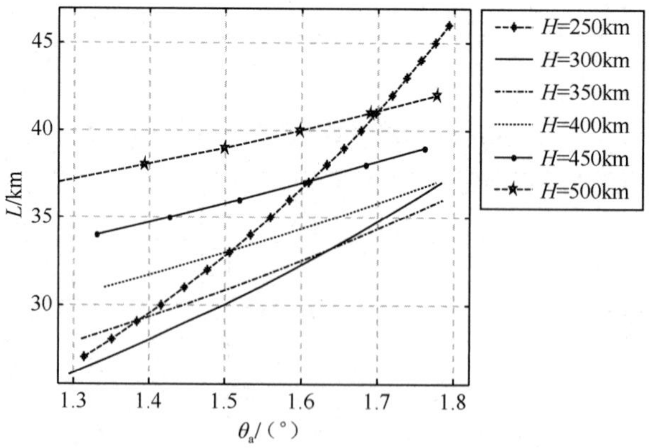

图 5.20　合适的再入角与绳长的关系曲线

由图 5.20 可知，在合适的再入角下，不同基站航天器轨道高度所需要的绳长有显著差别，基站航天器轨道高度越小，绳长的选择范围越大；基站航天器轨道高度越大，绳长的选择范围越小。图 5.20 也反映出 YES2 实验选择 30km 作为系绳释放长度的原因。在 YES2 实验中，基站航天器轨道高度为 300km，再入角为$1.5°$，由图 5.20 可知，30km 的绳长最佳。

5.5.2　椭圆轨道下再入条件的仿真分析

当基站航天器释放返回舱结束后，基站航天器到返回舱的矢径方向与地垂线的夹角为最大偏离角。此后，绳长固定不变。返回舱在地球引力和系绳张力的作用下向地垂线回摆，此时根据第 2 章中介绍的系统方程可得返回舱运动方程：

$$\ddot{\theta}=2\frac{e\dot{f}^{2}\sin f}{1+e\cos f}-\frac{3\mu}{R^{3}}\sin\theta\cos\theta \tag{5.28}$$

1. 偏心率对再入条件的影响

轨道要素偏心率e和真近点角f是式（5.28）中的变量，在椭圆轨道下，应考虑二者对再入条件的影响。图 5.21 所示为偏心率对再入角的影响。取轨道远地点高度为360km，偏心率分别为 0、0.0005、0.001056、0.003。

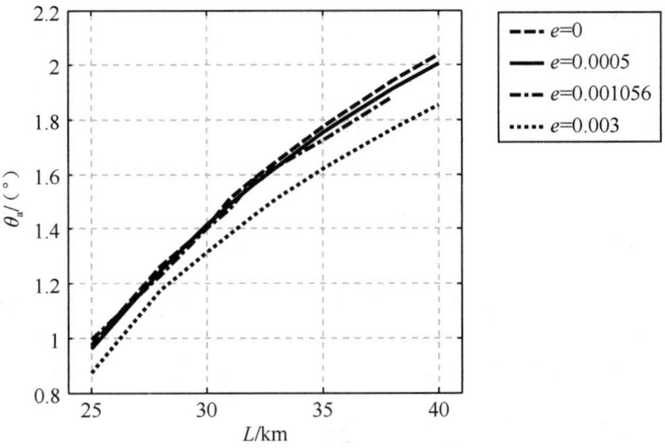

图 5.21　偏心率对再入角的影响

由图 5.21 可知，当远地点相同时，偏心率越大，要达到$1.5°$的再入角需要的绳长越大。因此，在偏心率比较大的轨道上释放返回舱时，不能使用圆轨道进行理想化计算，绳长相同，偏心率越大，再入角与根据近似圆轨道计算得到的再入角相差越大。

2. 真近点角对再入条件的影响

在圆轨道上，基站航天器每时每刻的运动状态都是一样的，因此当绳长一定时，返回舱的再入角不会因为在不同轨道位置处释放而不同。由于椭圆轨道存在偏心率，因此在不同时刻释放返回舱的基站航天器轨道高度和运动角速度都不一样。图 5.22 所示为在给定仿真椭圆轨道上不同位置（不同真近点角）处释放返回舱对再入角的影响，其中偏心率为 0.001056，远地点高度为 360km。

由图 5.22 可知，真近点角对再入角的影响很大。当真近点角为$0°$和$360°$时，再入角为最小值；当真近点角为$180°$时，再入角为最大值；再入角在真近点角为$180°$轴两侧呈对称关系。通过对绳长为 30km 时再入角与真近点角的关系曲线进行拟合，可以得到再入角与真近点角的关系式［见式（5.29）］。图 5.23 所示为绳长为 30km 时再入角与真近点角的关系曲线和拟合关系曲线。

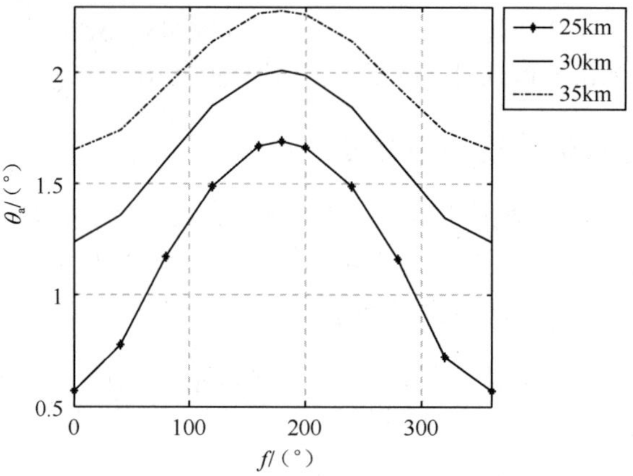

图 5.22　在给定仿真椭圆轨道上不同位置（不同真近点角）处释放返回舱对再入角的影响

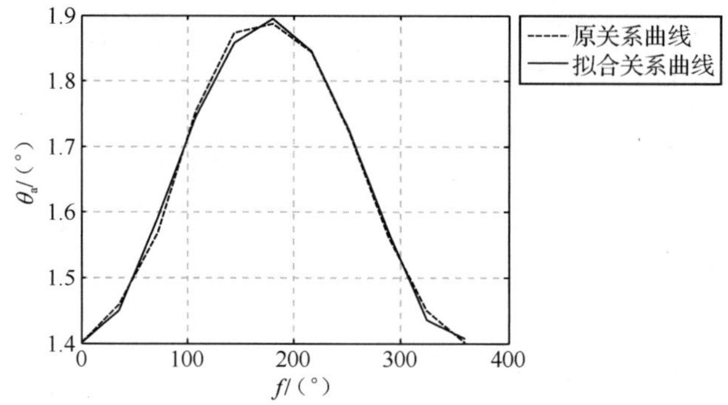

图 5.23　绳长为 30km 时再入角与真近点角的关系曲线和拟合关系曲线

$$\theta_a = 5.695\times10^{-10} f^4 - 4.046\times10^{-7} f^3 + 7.42\times10^{-5} f^2 - 8.2\times10^{-4} f + 1.4014 \qquad (5.29)$$

3. 基站航天器轨道高度对再入条件的影响

下面分析基站航天器轨道高度对再入角的影响。取相同的偏心率$e = 0.001056$，远地点高度分别为360km和400km，真近点角取0°～360°，绳长分别取25km、30km、35km 。基站航天器轨道高度对再入角的影响如图 5.24 所示。

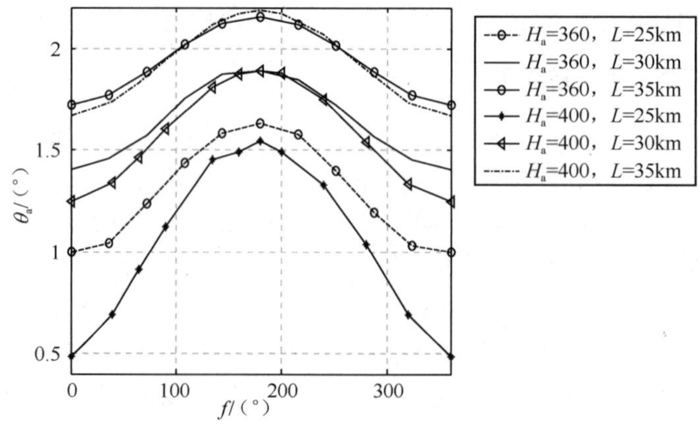

图 5.24　基站航天器轨道高度对再入角的影响

由图 5.24 可知，随着真近点角的变化，基站航天器轨道高度对再入角的影响相当复杂，但仍有规律可循。当真近点角在0°和360°附近时，基站航天器轨道高度对再入角的影响很大；随着真近点角向180°靠近，基站航天器轨道高度对再入角的影响逐渐减小，甚至相同。但是，从图 5.24 中可以看出，当绳长为 30km、35km 时，曲线出现了交叉，此后在相同真近点角和绳长情况下，基站航天器轨道高度越大，再入角越小。

5.6　小结

本章研究了利用空间系绳系统实现从轨道返回且携带有效载荷的返回舱进入大气层的条件计算方法。首先，采用返回舱在地球中心重力场中的无扰动运动方程进行了相对速度与牵连速度的计算；其次，进行了切断系绳时返回舱运动的初始条件计算与返回舱进入大气层的条件计算，并利用 MathCAD 软件进行了实例仿真；再次，进行了空间系绳系统辅助返回控制律设计；最后，对空间系绳系统辅助返回再入条件的影响因素进行了分析。结果表明，返回舱进入大气层时的再入角随系绳长度的增大而增大，利用空间系绳系统能够有效地缩短返回舱的返回时间。

练习题

1. 基站航天器轨道高度H、系绳最终长度L_k的取值如下。

- $H = 400\text{km}$，$L_k = 30\text{km}$。
- $H = 250\text{km}$，$L_k = 30\text{km}$。
- $H = 350\text{km}$，$L_k = 25\text{km}$。
- $H = 275\text{km}$，$L_k = 35\text{km}$。
- $H = 375\text{km}$，$L_k = 40\text{km}$。
- $H = 450\text{km}$，$L_k = 40\text{km}$。
- $H = 325\text{km}$，$L_k = 25\text{km}$。
- $H = 500\text{km}$，$L_k = 35\text{km}$。

对于以上方案，进行如下计算。

（1）计算大气层再入标称条件。

（2）利用程序 Work4.xmcd，建立在$\pm 0.1L_k$误差范围内$V_a(\theta)$、$\theta(\theta)$与L_k的关系。

（3）建立$\theta_k = 0^\circ$时同样的关系。

（4）根据所选的长度计算是否可以保证再入角$\theta_a(\theta) = 1.5^\circ$。

（5）建立$V_a(\theta)$与$\theta_a(\theta)$的关系，其中θ为系绳被切断时的角度，误差范围为$\pm 20^\circ$，编写类似于 Work4.xmcd 和 Work5.xmcd 的程序。

（6）对于这些基站航天器轨道高度，计算能够进入大气层的极限系绳长度。

2. 进入大气层时的参数应该满足什么条件？

3. 什么是再入角？

4. 本章中的相对速度是什么？怎样计算相对速度？

5. 本章中的牵连速度是什么？怎样计算牵连速度？

6. 如何计算切断系绳时的再入速度和再入角？

7. 切断系绳时的再入速度和再入角与系绳相对于地垂线的偏离角在 ±20° 误差范围内的关系是什么？

8. 对于能够进入大气层的极限系绳长度，应根据什么条件来计算？

第 6 章　航天器升轨机动计算

6.1　引言

随着系绳技术的发展，空间系绳系统为在轨发射提供了全新的思路，空间系绳系统在轨发射逐渐引起人们的关注。空间系绳系统在轨发射是指以空间系绳系统为载体，先通过展开系绳将有效载荷与基站航天器安全分离，然后利用系绳的摆动使小航天器的姿态、轨道达到发射要求，此时切断系绳将小航天器发送到预定轨道。相比传统的发射方式，这种发射方式具有以下优势：①不需要发射动力；②具有很高的可控性；③发射机构简单；④可以实现多颗小航天器同时释放。

空间系绳系统在轨发射可以采用静态发射和动态发射两种方案。

静态发射指的是当小航天器与基站航天器分离时，小航天器与基站航天器保持相对静止，整个系统稳定在地垂线方向。当空间系绳系统向上展开结束后，由于重力梯度力的作用，系统最终会稳定在地垂线方向。在切断系绳时，因为系统动量守恒，所以基站航天器通过系绳上的拉力将一部分动量传递给小航天器，利用该原理可以将小航天器发射到更高的轨道上。

动态发射指的是在发射过程中小航天器与基站航天器有相对运动，其基本思想是以系绳的来回摆动为代价来增大或减小切断系绳时小航天器的动能，进而有效地改变小航天器的轨道。动态发射充分利用了系绳摆动的能量，在相同条件下，可以提供更大的加速冲量或制动能量，进而可以将小航天器发射到更高或更低的轨道上。本章主要针对动态发射展开研究。

本章采用动态发射的原理，进行基于空间系绳系统将小航天器发射到更高轨道上的机动计算。在这种情况下，空间系绳系统将向上展开。先通过计算确定小航天器最终轨道的基本参数——近地点参数、远地点参数、偏心率等，然后研究空间系绳系统的平面运动。

6.2　轨道机动概述

6.2.1　单航天器霍曼升轨机动

霍曼转移（Hohmann Transfer）是一种在航天工程中被广泛应用的轨道转移方式，特别适用于实现二体问题中共面圆轨道间的双脉冲正切转移。这种转移方式因在所有双脉冲转移中能量最小而著称。霍曼转移证明了当 r_a 和 r_p 差别不大时，两个圆轨道之间能量最省的过渡轨道是同时切于两个圆的椭圆。霍曼转移是指通过一个椭圆形的转移轨道来实现航天器从一个圆轨道（原轨道）转移到另一个圆轨道（目标轨道）的过程。该过程需要两次速度脉冲：第一次是在近地点（原轨道上某点）加速，使航天器进入转移轨道；第二次是在远地点（转移轨道上远离中心天体的点）加速或减速，使航天器进入目标轨道。设航天器在半径为 r_p 的圆轨道上运动，希望它转移到同平面、半径为 r_a 的圆轨道上，显然过渡轨道椭圆的偏心率为

$$e = \frac{r_a/r_p - 1}{r_a/r_p + 1} \tag{6.1}$$

设

$$\mu = G(m_1 + m_2) \tag{6.2}$$

则在近地点处应有的速度为

$$v_p = \sqrt{\frac{\mu}{r_p} \cdot \frac{2r_a/r_p}{1 + r_a/r_p}} \tag{6.3}$$

航天器在半径为 r_p 的圆轨道上运动需要的速度为

$$v_1 = \sqrt{\frac{\mu}{r_p}} \tag{6.4}$$

二者之差就是应在近地点处施加的切向速度增量：

$$\Delta v_1 = v_p - v_1 = \sqrt{\frac{\mu}{r_p}} \left(\sqrt{\frac{2r_a/r_p}{1 + r_a/r_p}} - 1 \right) \tag{6.5}$$

同样，航天器沿霍曼轨道飞行至远地点时的速度为

$$v_a = \sqrt{\frac{\mu}{r_a} \cdot \frac{2}{1 + r_a/r_p}} \tag{6.6}$$

航天器在半径为 r_a 的大圆轨道上运动需要的速度 $v_2 = \sqrt{\frac{\mu}{r_a}}$。二者之差就是应在远地点处施加的切向速度增量：

$$\Delta v_2 = v_2 - v_a = \sqrt{\frac{\mu}{r_a}} \left(1 - \sqrt{\frac{2}{1 + r_a/r_p}} \right) \tag{6.7}$$

整个过程的总速度增量为

$$\Delta v_T = \Delta v_1 + \Delta v_2 = \sqrt{\frac{\mu}{r_p}} \left[\sqrt{\frac{2r_a/r_p}{1 + r_a/r_p}} \left(1 - \frac{r_p}{r_a} \right) + \sqrt{\frac{r_p}{r_a}} - 1 \right] \tag{6.8}$$

考虑航天器从半径为 r_p 的圆轨道上逃逸的问题。此时，所需速度增量 Δv_e 为

$$\Delta v_e = (\sqrt{2} - 1)\sqrt{\frac{\mu}{r_p}} \tag{6.9}$$

如果令式（6.8）和式（6.9）相等，则可求得

$$\frac{r_a}{r_p} = 3.4 \tag{6.10}$$

这说明，当两个圆轨道的半径比为 3.4 时，其霍曼转移所需能量与从小圆轨道上逃逸所需能量相等。

6.2.2 空间系绳升轨机动

空间系绳系统动态发射小航天器分为三个阶段。第一阶段：系绳向上展开，小航天器稳定在平衡状态。第二阶段：为了增加小航天器的有效加速度，系绳以相对于地垂线的某个偏离角快速展开。第三阶段：制动阶段，系绳展开停止，小航天器以基站航天器为中心做自由摆动，

在其通过地垂线位置时切断系绳，此时获得最大（最小）有效加速冲量，利用此冲量可以将小航天器发射到最高（最低）轨道上。

本节研究小航天器发射的两种轨道机动计算，即小航天器向椭圆轨道转移和小航天器向近似圆轨道转移，对应的原理图分别如图 6.1、图 6.2 所示，其中Ⅰ、Ⅱ、Ⅲ、Ⅳ表示转移过程中的不同阶段。

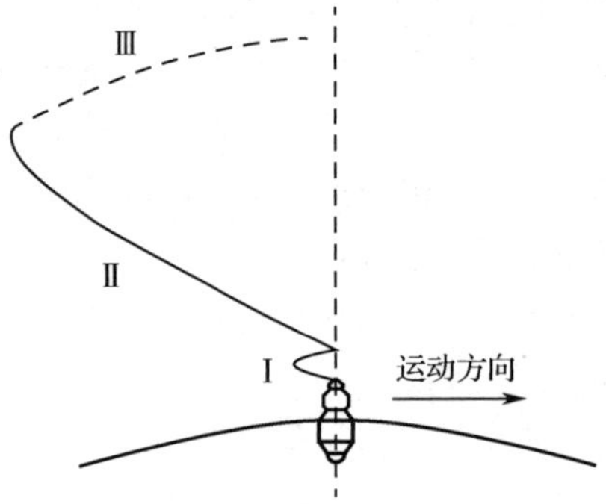

图 6.1　小航天器向椭圆轨道转移的原理图

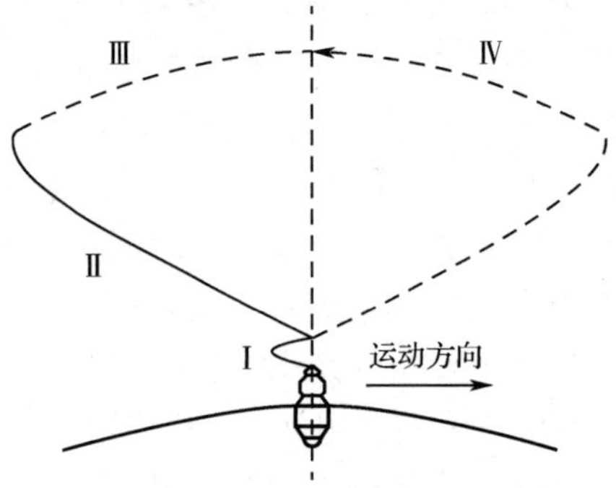

图 6.2　小航天器向近似圆轨道转移的原理图

在切断系绳时小航天器的速度 $\boldsymbol{V}_0$ 可分解小航天器为绕基站航天器旋转的相对速度 $\boldsymbol{V}_\mathrm{r}$ 及系统绕地球旋转的牵连速度 $\boldsymbol{V}_\mathrm{e}$，如图 6.3 所示。

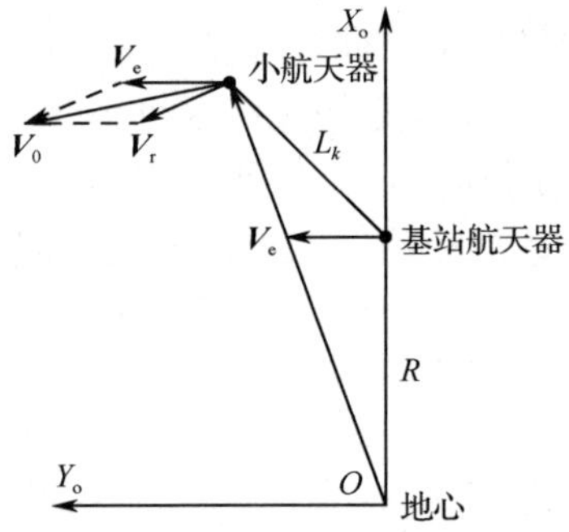

图 6.3　速度合成矢量图

这样小航天器的加速冲量为

$$\Delta V = V_0 - \sqrt{\frac{\mu}{R+L_k}} = V_\mathrm{e} + V_\mathrm{r} - \sqrt{\frac{\mu}{R+L_k}} \tag{6.11}$$

式中，$\sqrt{\dfrac{\mu}{R+L_k}}$ 为小航天器的轨道速度；L_k 为系绳最终展开长度；μ 为地心引力常数。

由式（6.11）可以看出，在系绳摆动过程中，L_k、V_e、$\sqrt{\dfrac{\mu}{R+L_k}}$ 均是定值。因此，当 V_r 最大时，ΔV 取最大值，反之亦然。当小航天器首次摆动到地垂线位置时，V_r 最大且与 V_e 方向一致，此时 ΔV 最大，小航天器轨道可以上升到最高，此时小航天器转移到椭圆轨道上。当小航天器回摆第二次通过地垂线位置时，V_r 最大且与 V_e 方向相反，此时 ΔV 最小，小航天器的远地点最低，当近地点高度与远地点高度近似相等时，小航天器轨道近似为圆形。

将小航天器向椭圆轨道发射（见图 6.1）与从轨道向下机动类似，只是空间系绳系统向上展开。因此，这种轨道机动同样具有早前研究的返回舱返回的机动阶段（Ⅰ～Ⅲ），不同的是，在第三阶段小航天器的运动方向与基站航天器的运动方向一致。这是因为在进行空间系绳系统展开时科里奥利力使得小航天器向另一个方向偏离，所以当小航天器通过地垂线位置时切断系绳可以获得额外的加速冲量。

将小航天器向更高轨道发射的第二种方案是系绳回摆通过地垂线位置时切断系绳，即增加了一个运动阶段（见图 6.2 中的Ⅳ）。在这种情况下，小航天器的相对速度方向与基站航天器的速度方向相反，系绳回摆通过地垂线位置时速度减小。因此，小航天器以其他参数向轨道转移。与静态发射相比，动态发射充分利用了系绳摆动的能量，在相同条件下，可以提供更大的加速冲量或制动能量，进而可以将小航天器发射到更高或更低的轨道上。

在利用空间系绳系统发射小航天器时，发射过程如图 6.4 所示，操作步骤如下。

（1）调整空间系绳系统的姿态，将小航天器引导至地垂线方向。

（2）利用弹簧组件以一定初始速度弹出小航天器，目的是使小航天器安全脱离基站航天器。

（3）使系绳缓慢展开到 3km，将小航天器送至平衡位置。

（4）启动制动装置，系绳停止展开，系统保持该状态几分钟。

（5）解除制动作用，使系绳快速展开到 30km，系绳与地垂线的偏离角为 60°。

（6）系绳展开结束后，小航天器以基站航天器为中心做自由摆动。

（7）当小航天器通过地垂线位置时剪断系绳，释放小航天器。

在切断系绳时，若小航天器的运动方向与基站航天器的运动方向相同，则小航天器轨道可以上升到最高，此时小航天器轨道为椭圆形，可以将小航天器发射到椭圆轨道上；若小航天器的运动方向与基站航天器的运动方向相反，则小航天器的远地点最低，当近地点高度与远地点高度近似相等时，小航天器轨道为圆形，可以将小航天器发射到圆轨道上。

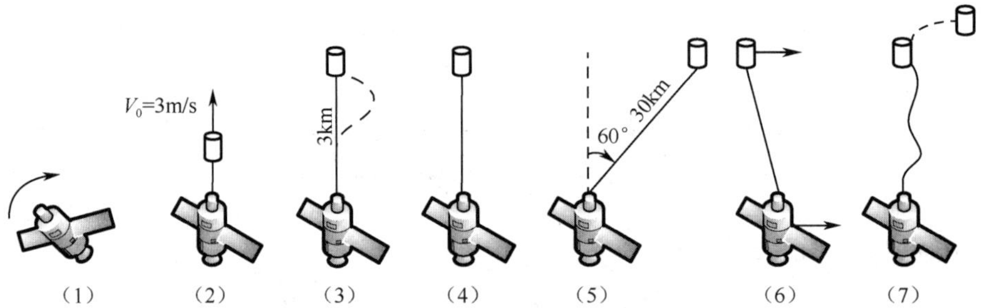

图 6.4　空间系绳系统在轨发射方案

6.3　轨道机动计算

小航天器首次摆动到地垂线位置时，V_r 最大且与 V_e 方向一致，小航天器轨道可以上升到最高，此时小航天器转移到椭圆轨道上，即第一种轨道机动；当小航天器回摆第二次通过地垂线位置时，V_r 最大且与 V_e 方向相反，小航天器轨道近似为圆形，即第二种轨道机动。

6.3.1　用于进入更高椭圆轨道的机动计算

为了计算第一种轨道机动时小航天器的轨道参数，要先确定切断系绳时小航天器的运动特性，为此采用如下公式：

$$\boldsymbol{V}_0=\boldsymbol{V}_\mathrm{e}+\boldsymbol{V}_\mathrm{r} \tag{6.12}$$

$$V_0=\sqrt{V_\mathrm{e}^2+V_\mathrm{r}^2+2V_\mathrm{e}V_\mathrm{r}\cos(\theta-\psi)} \tag{6.13}$$

$$\theta_0=\arctan\frac{V_\mathrm{r}\sin(\theta-\psi)}{V_\mathrm{r}\sin(\theta-\psi)+V_\mathrm{e}} \tag{6.14}$$

式中，$\psi=\arcsin\left(\dfrac{L_k}{r_0}\sin\theta\right)$，$r_0=\sqrt{L_k^2+R_0^2+2L_kR_0\cos\theta}$。

式（6.12）～式（6.14）与式（5.7）～式（5.9）的区别在于，计算 V_0 和 r_0 时的运算符号不同，并且将 $\theta+\psi$ 替换为 $\theta-\psi$。读者可以自己画出草图来研究式（6.12）～式（6.14）。

在确定切断系绳时小航天器运动的初始条件后，就不难确定小航天器的轨道参数。在极坐标系统中研究非扰动轨道方程：

$$r=\frac{p}{1+e\cos f} \tag{6.15}$$

式中，p、e 分别为轨道的参数和偏心率；f 为真近点角（由近地点算起的极角）。根据已知的空间飞行动力学方程可得

$$p=\frac{c^2}{\mu},\quad e=\sqrt{1+\frac{ph}{\mu}} \tag{6.16}$$

式中，h、c 分别由式（5.12）和式（5.13）确定。

根据式（6.15），近地点轨道半径和远地点轨道半径由下列公式确定：

$$r_\mathrm{p}=\frac{p}{1+e},\quad r_\mathrm{a}=\frac{p}{1-e} \tag{6.17}$$

6.3.2 用于进入近似圆轨道的机动计算

用于进入近似圆轨道的机动计算与用于进入更高椭圆轨道的机动计算类似。由于系绳在通过地垂线位置后再返回时被切断，只有相对速度 V_r 的方向改变，因此仅式（6.13）和式（6.14）有变化：

$$V_0=\sqrt{V_\mathrm{e}^2+V_\mathrm{r}^2-2V_\mathrm{e}V_\mathrm{r}\cos(\theta-\psi)} \tag{6.18}$$

$$\theta_0=\arctan\frac{-V_\mathrm{r}\sin(\theta-\psi)}{-V_\mathrm{r}\cos(\theta-\psi)+V_\mathrm{e}} \tag{6.19}$$

式（6.12）、式（6.15）、式（6.16）没有变化。

6.3.3 问题求解示例

在本节示例中，系绳给定长度 $L_k=30000\mathrm{m}$、基站航天器轨道高度 $H=300\mathrm{km}$，偏离角 $\theta_k=56^\circ$。对于第一种轨道机动，采用式（6.12）～式（6.16），系绳正好在地垂线位置，即 $\theta=0^\circ$ 时被切断，可得

$$H_\mathrm{p}=r_\mathrm{p}-R_\mathrm{e}=330\mathrm{km},\quad e=0.0266,\quad H_\mathrm{a}=r_\mathrm{a}-R_\mathrm{e}=696.59\mathrm{km}$$

对于第二种轨道机动，在相同情况下，可得

$$H_\mathrm{a}=r_\mathrm{a}-R_\mathrm{e}=337.54\mathrm{km},\quad H_\mathrm{p}=r_\mathrm{p}-R_\mathrm{e}=330\mathrm{km},\quad e=0.00056$$

上面的计算明确了基于展开的空间系绳系统可以将小航天器发射到椭圆轨道或圆轨道

上。为了进行比较，设系绳处于相对于地垂线的静止状态且在 $\theta_k = 0°$ 时被切断，小航天器的轨道参数如下：

$$H_p = r_p - R_e = 330\text{km}，\ e = 0.0136，\ H_a = r_a - R_e = 514.12\text{km}$$

由以上结果可以得出，保证空间系绳系统在展开过程中相对于地垂线有某个偏离角 θ_k，利用所研究的两种轨道机动，可以产生轨道参数范围足够大的最终轨道。

图 6.5～图 6.8 表明了系绳被切断时的角度 θ 在 $\pm20°$ 范围内的偏差对所研究的两种轨道机动轨道参数的影响。从图 6.5～图 6.8 中可以看出，关系曲线 $e(\theta)$、$H_p(\theta)$、$H_a(\theta)$ 在 $\theta = 0°$ 处都具有极值，但是对于所研究的机动，这些关系曲线的特性是不同的。图 6.5～图 6.8 是由电子附件中的程序 Work 6_1 T.xmcd 和 Work 6_2 T.xmcd 获得的。

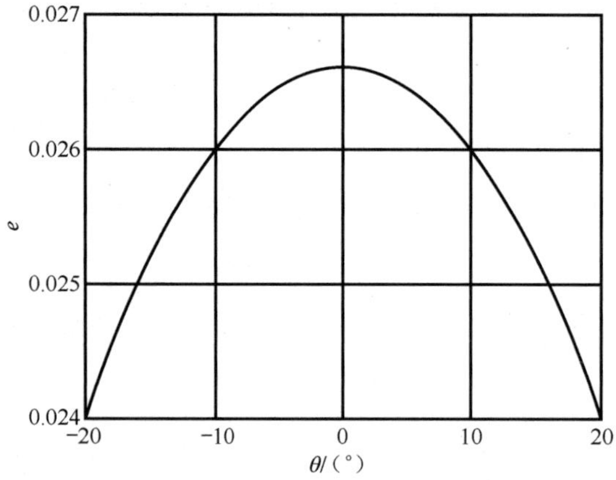

图 6.5　偏心率（第一种轨道机动）

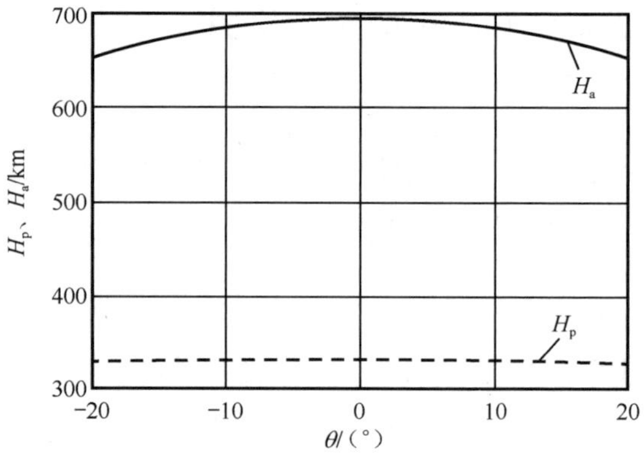

图 6.6　近地点高度与远地点高度（第一种轨道机动）

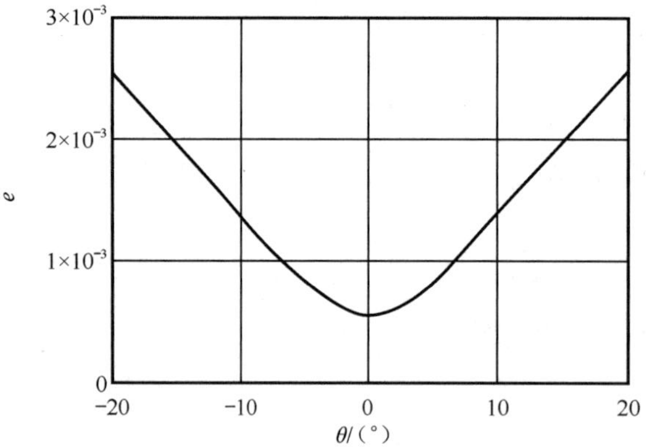

图 6.7　偏心率（第二种轨道机动）

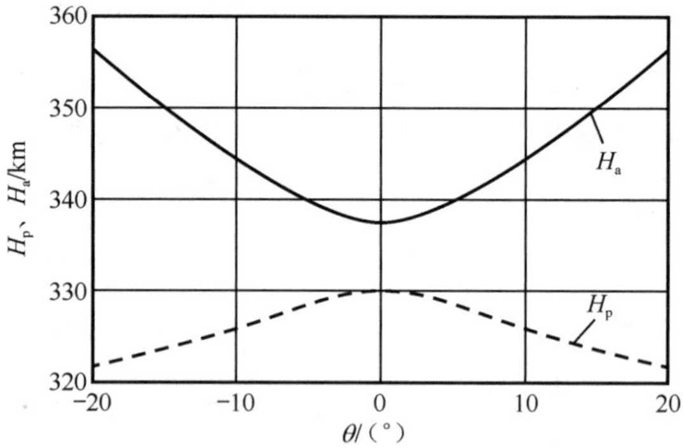

图 6.8　近地点高度与远地点高度（第二种轨道机动）

6.4　系统参数对升轨机动能力的影响

由 6.2 节和 6.3 节的计算可以看出，小航天器的轨道参数与系绳长度和偏离角息息相关，同时在平衡位置切断系绳时切断角扰动会对小航天器的轨道参数产生影响。下面分别针对将小航天器发射到椭圆轨道和圆轨道上时偏离角、切断角扰动、系绳长度对小航天器轨道参数的影响进行仿真分析。

6.4.1　偏离角对小航天器轨道参数的影响

仿真参数：小航天器质量 $m = 20\text{kg}$，小航天器轨道高度 $H = 300\text{km}$，地球平均半径 $R = 6371.02\text{km}$，地球重力梯度参数 $\mu = 398600\text{km}^3/\text{s}^2$，系绳长度 $L_k = 30\text{km}$。当偏离角 θ_k 在 0°～180° 范围内变化时，偏离角对小航天器轨道参数的影响如图 6.9～图 6.12 所示。

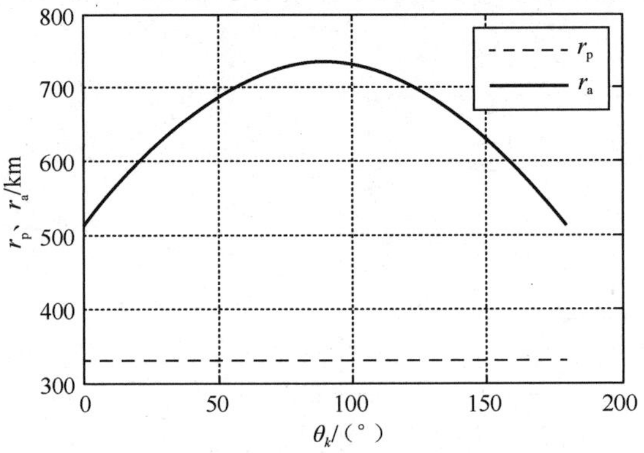

图 6.9　椭圆轨道上偏离角对近地点轨道半径、远地点轨道半径的影响

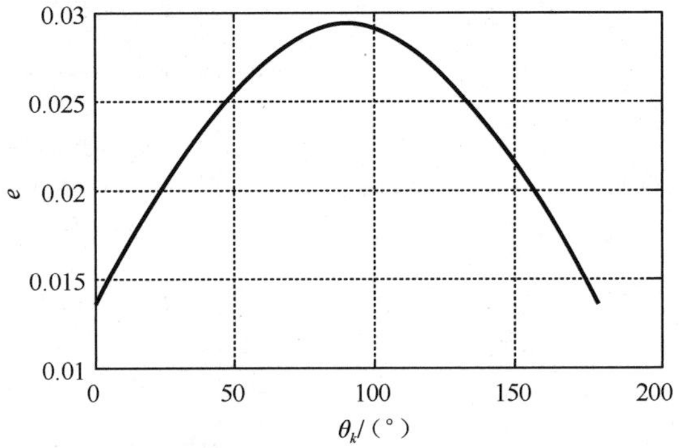

图 6.10　椭圆轨道上偏离角对离心率的影响

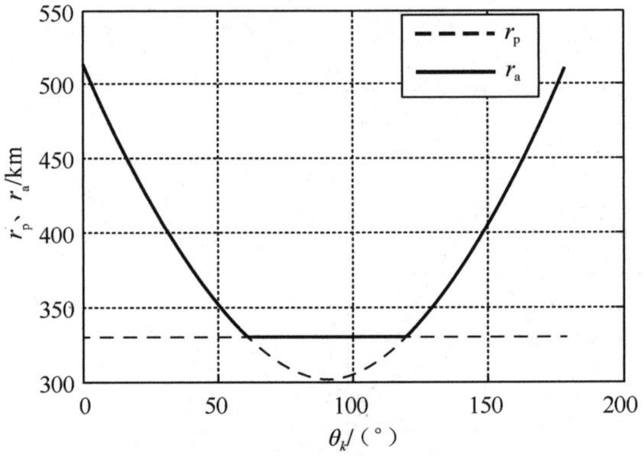

图 6.11　圆轨道上偏离角对近地点轨道半径、远地点轨道半径的影响

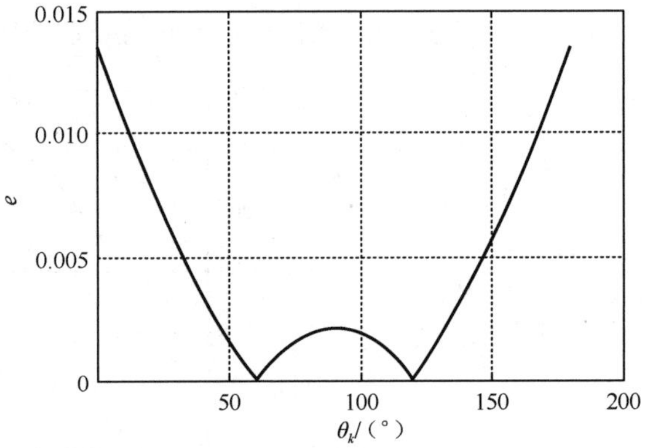

图 6.12　圆轨道上偏离角对离心率的影响

对于椭圆轨道，由图 6.9 可知，近地点轨道半径不随偏离角的变化而变化，其近似等于小航天器在地垂线位置时的高度；远地点轨道半径随偏离角的增大先增大后减小，在 $\theta_k = 90^\circ$ 时达到最大值。因此，在系绳展开程序的设计中，展开结束后在满足系绳展开长度的前提下，应尽量使 θ_k 其接近 90°，这样有利于将小航天器发射到更高的轨道上。

对于圆轨道，由图 6.11 可知，近地点轨道半径随着偏离角 θ_k 的增大先保持不变，然后减小，在 $\theta_k = 90^\circ$ 时达到最小值，再增大，最后又保持不变；远地点轨道半径随着偏离角 θ_k 的增大先减小，然后保持不变，最后增大。在 $\theta_k = 60^\circ$ 时，$e = 0$，$r_a = r_p = 330\text{km}$，此时小航天器轨道为圆轨道。因此，在系绳展开程序的设计中，展开结束后在满足系绳展开长度的前提下，应尽量使 θ_k 接近 60°，这样可使小航天器轨道更接近圆轨道。

6.4.2　切断角扰动对小航天器轨道参数的影响

仿真参数：小航天器质量 $m = 20\text{kg}$，小航天器轨道高度 $H = 300\text{km}$，地球平均半径

$R = 6371.02\text{km}$，地球重力梯度参数 $\mu = 398600\text{km}^3/\text{s}$，系绳长度 $L_k = 30\text{km}$，偏离角 $\theta_k = 60°$，切断角扰动 $\Delta\theta \in [-20°, 20°]$。切断角扰动对小航天器轨道参数的影响如图 6.13～图 6.16 所示。

对于椭圆轨道，由图 6.13 可知，在 $\Delta\theta = 0°$ 时远地点轨道半径达到最大值，其原因是在 $\Delta\theta = 0°$ 时小航天器的相对速度最大，这使得小航天器的加速冲量达到最大值。由图 6.15 可知，在 $\Delta\theta = 0°$ 时切断系绳，轨道的离心率最大，说明此时远地点轨道半径最大，仿真结果与理论分析结果一致。

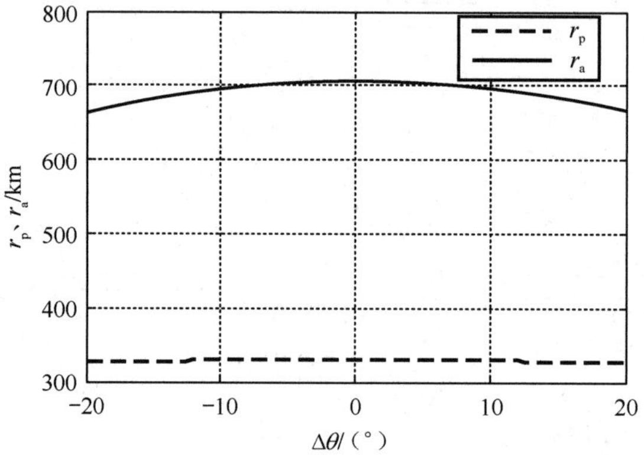

图 6.13　椭圆轨道上切断角扰动对近地点轨道半径、远地点轨道半径的影响

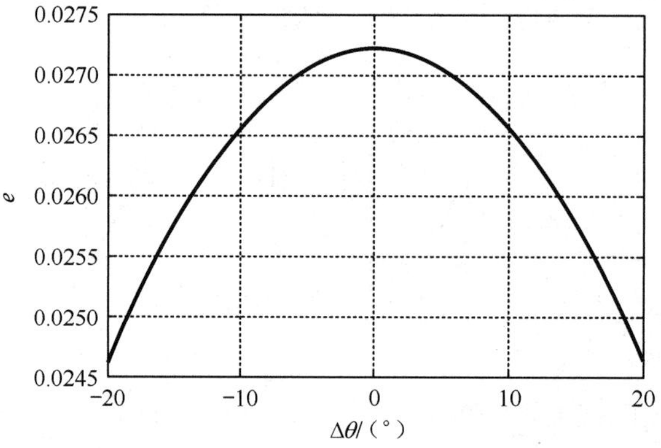

图 6.14　椭圆轨道上切断角扰动对离心率的影响

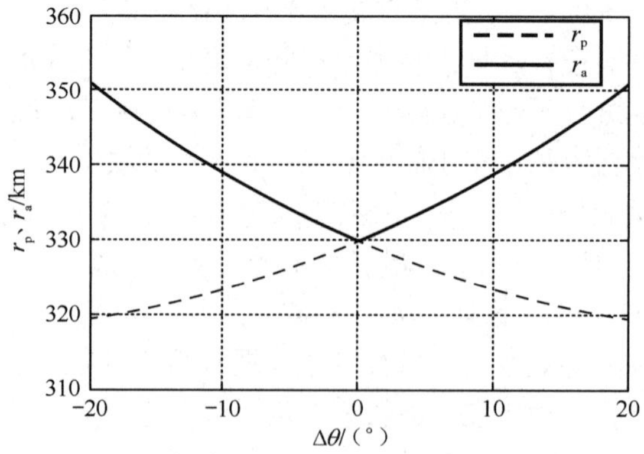

图 6.15　圆轨道上切断角扰动对近地点轨道半径、远地点轨道半径的影响

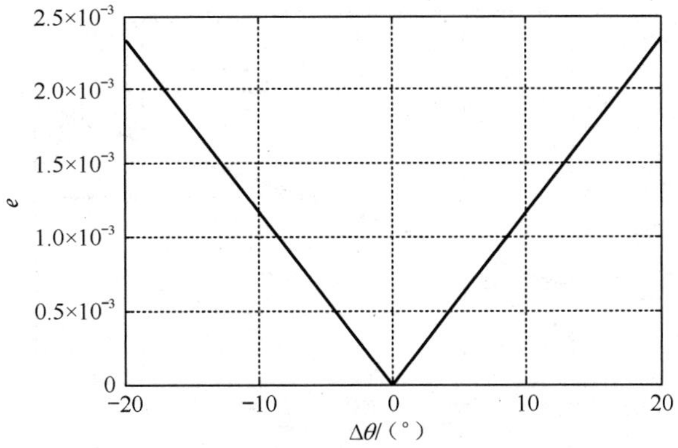

图 6.16　圆轨道上切断角扰动对离心率的影响

对于圆轨道，由图 6.16 可知，在$\Delta\theta = 0°$时切断系绳，小航天器的偏心率$e = 0$，这说明近地点轨道半径与远地点轨道半径相等，小航天器轨道恰好为圆轨道。

6.4.3　系绳长度对小航天器轨道参数的影响

仿真参数：偏离角$\theta_k = 60°$，系绳长度L_k为0～100km，在$\theta = 0°$时切断系绳，其他参数与 6.4.2 节的仿真参数相同。系绳长度对小航天器轨道参数的影响如图 6.17～图 6.20 所示。

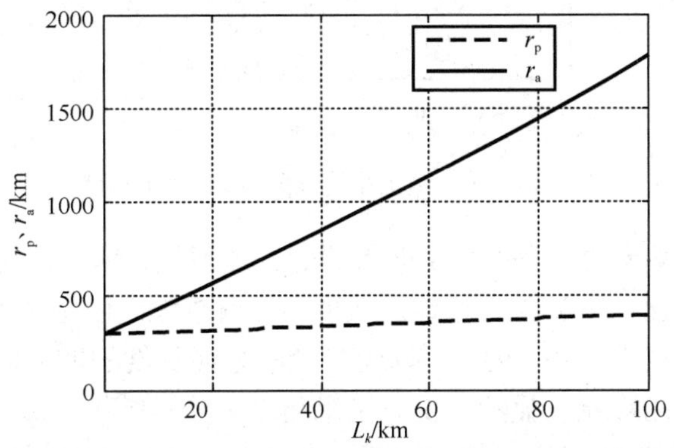

图 6.17　椭圆轨道上系绳长度对远地点轨道半径、近地点轨道半径的影响

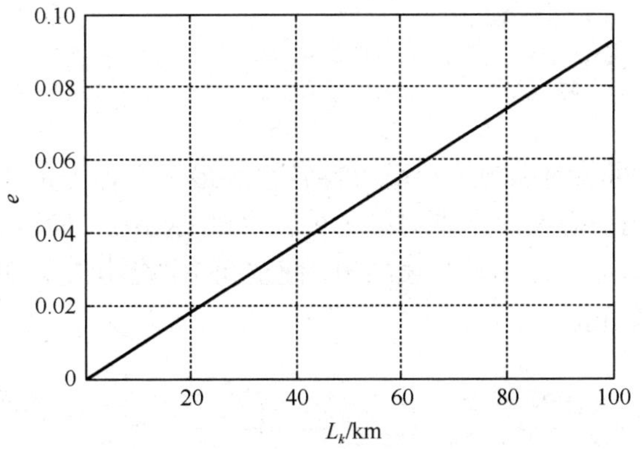

图 6.18　椭圆轨道上系绳长度对离心率的影响

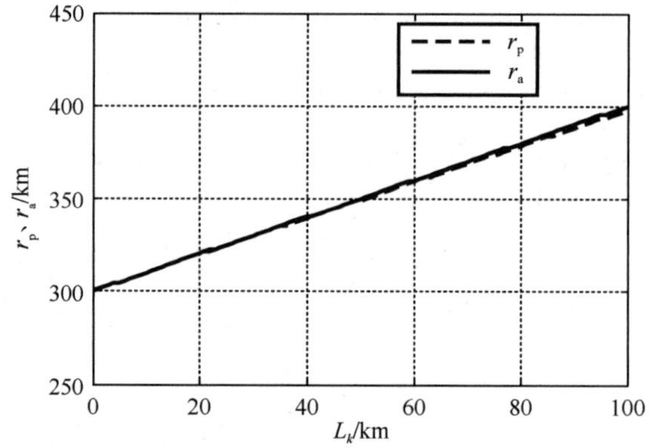

图 6.19　圆轨道上系绳长度对远地点轨道半径、近地点轨道半径的影响

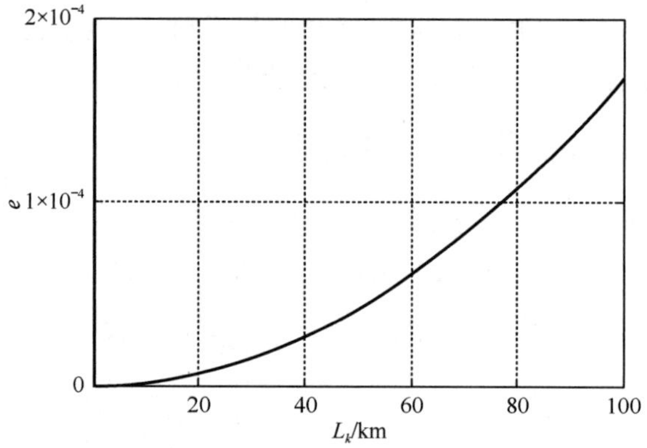

图 6.20　圆轨道上系绳长度对离心率的影响

对于椭圆轨道，系绳长度 L_k 越大，小航天器的矢径模量 r 越大，小航天器的牵连速度 V_e 越大，小航天器的有效加速冲量越大，远地点轨道半径就越大。由图 6.17 可知，系绳长度与远地点轨道半径近似呈正线性关系，远地点轨道半径随系绳长度的增大而线性增大，近地点轨道半径基本不受系绳长度的影响。显然，仿真结果与理论分析结果一致。

对于圆轨道，由图 6.20 可知，轨道的离心率基本不受系绳长度的影响，轨道半径与系绳长度近似成正比，其原因与椭圆轨道一样，仿真结果与理论分析结果也一致。

6.5　小结

本章研究了利用空间系绳系统将小航天器转移到最终轨道上的参数计算方法；结合空间系绳系统自身特性，采用动态发射原理对第一种轨道机动与第二种轨道机动进行了计算；对机动过程进行了实例仿真，得出存在某个偏离角，使空间系绳系统的两种轨道机动可以产生轨道参数范围足够大的最终轨道。

练习题

1. 基站航天器轨道高度 $H = 300\text{km}$ 、系绳长度 $L_k = 30\text{km}$ ，偏离角 $\theta_k = 56^\circ$ 。

（1）计算两种轨道机动下和 $\theta_k = 0^\circ$ 时的标称轨道参数。

（2）利用程序 Work 6_1 T.xmcd 和 Work 6_2 T.xmcd，针对两种轨道机动在 $\pm 20^\circ$ 误差范围内建立曲线 $e(\theta)$、$H_\mathrm{a}(\theta)$、$H_\mathrm{p}(\theta)$。

（3）编写类似于程序 Work 6_1 T.xmcd 和 Work 6_2 T.xmcd 的程序，建立两种轨道机动的关系曲线 $e(\theta)$、$H_\mathrm{a}(\theta)$、$H_\mathrm{p}(\theta)$。

2. 返回舱从轨道向下返回和向更高轨道发射小航天器的轨道机动有什么区别？

3. 向更高轨道发射小航天器的第一种轨道机动的主要阶段是什么？第二种轨道机动的主要阶段是什么？

4. 椭圆轨道的参数是什么？真近点角、轨道参数、偏心率分别是什么？

5. 什么是非扰动轨道？

6. 画出向更高轨道发射小航天器的第一种轨道机动的速度合成矢量图和特征三角形。

7. 画出向更高轨道发射小航天器的第二种轨道机动的速度合成矢量图和特征三角形。

8. 对于小航天器的第一种轨道机动，如何计算轨道参数？

9. 小航天器第二种轨道机动的轨道参数计算的特点是什么？

10. 小航天器的第一种轨道机动能生成什么样的轨道？

11. 小航天器的第二种轨道机动能生成什么样的轨道？

12. 小航天器第一种轨道机动的轨道参数与系绳被切断时相对于地垂线的偏离角的关系是什么？偏离角的偏差范围为 $\pm 20^\circ$。

13. 小航天器第二种轨道机动的轨道参数与系绳被切断时相对于地垂线的偏离角的关系是什么？偏离角的偏差范围为 $\pm 20^\circ$。

14. 小航天器第一种轨道机动的轨道参数与系绳长度 L_k 的关系是什么？系绳长度的偏差范围 $\Delta L = \pm 0.1 L_k$。

15. 小航天器第二种轨道机动的轨道参数与系绳长度 L_k 的关系是什么？系绳长度的偏差范围 $\Delta L = \pm 0.1 L_k$。

第 7 章　空间系绳系统的空间相对平衡位置计算

7.1　引言

随着各国研究人员对空间系绳系统理论试验研究的不断深入，相关研究热点逐渐由建模与控制方案的选取转向将空间系绳系统与未来空间应用相结合，这些应用包括：①空气动力学研究，如将物理模型系在航天器上使其一起绕地球飞行，为物理模型提供一个稳定的空气动力学研究环境，避免地面风洞试验的固有缺陷[44]；②电动力学研究，如为航天器提供能源、依靠电动力推进[45]，以及超低频、低频无线电通信及无线电定位[46]；③行星探测研究，如为太阳系行星探测提供足够的能量储蓄[47]、收集彗星和小行星样本[48]、在木星内磁层提供电磁推力或阻力机动[49]、火星观测[50]，以及基于绳系月球卫星进行远距离观测[51]等；④空间站应用研究，如构造微重力实验室[52]等。上述应用成功的关键在于确保空间系绳系统能够持续且稳定地保持在轨道上的平衡状态。这要求基站航天器与子航天器必须严格以相同的角速度共轨运行，并且系绳承受的拉力必须控制在安全范围内，以防止系绳断裂事故的发生。在这个过程中，空间系绳系统将达到并保持一种特定的稳定状态，此时空间系绳系统在空间中所处的位置被称为平衡位置。深入探索与研究这个平衡位置及其需要满足的条件，对于空间系绳系统的设计与应用具有重要的意义。因此，本章将着重计算并分析空间系绳系统在特定空间位置下的平衡位置及其相应的平衡条件。

7.2　空间系绳系统的空间相对静止条件

先做如下假设：空间系绳系统展开结束，系统中不存在振荡或已减振；系绳可伸展，将空间系绳系统看作分布系统进行研究；考虑作用在系绳上由重力梯度力和气动力引起的分布载荷；载荷是球形小航天器，重力梯度力和气动力同时作用在小航天器上，基站航天器质量远大于小航天器与系绳质量之和；研究的问题是系绳相对于地垂线的平衡位置，针对的是平面问题，因此，不妨假设系统质心轨道平面与地球赤道平面一致。下面研究两种情况——系绳不带载荷从基站航天器自由下垂和系绳带载荷从基站航天器自由下垂。

空间系绳系统运动方程是根据牛顿第二定律推导出来的偏微分方程：

$$\rho(S)\frac{\partial^2 \boldsymbol{r}}{\partial t^2}=\frac{\partial \boldsymbol{T}}{\partial S}+\boldsymbol{q} \tag{7.1}$$

式中，$\rho(S)$ 为系绳的线密度（系绳的单位长度质量，单位为 kg/km）；$\boldsymbol{r}$ 为系绳在地心轨道运动坐标系中某个点的向径；t 为时间；S 为系绳上某个点的曲线坐标；$\boldsymbol{T}$ 为系绳张力；$\boldsymbol{q}$ 为作用在系绳上的分布载荷（单位为 N/m）。

对于柔性系绳而言，由于不能承受横向载荷，张力方向为系绳切线方向，因此有

$$\boldsymbol{T}=T\boldsymbol{\tau} \tag{7.2}$$

式中，$\boldsymbol{\tau}$ 为单位切向向量。

式（7.1）、式（7.2）必须与系绳伸展律 $T(\gamma)$ 联立，该伸展律采用最简单的胡克定律形式表示：

$$T(\gamma)=EA(\gamma-1) \tag{7.3}$$

式中，E 为杨氏弹性模量；A 为系绳横截面积；$\gamma-1$ 为系绳的相对延伸率。

由于柔性系绳处于相对平衡位置，相对加速度为 0，因此式（7.1）可写成如下特殊形式：

$$\frac{\mathrm{d}\boldsymbol{T}}{\mathrm{d}S}+\boldsymbol{q}=0 \tag{7.4}$$

系绳的平衡一般在运动坐标系中研究，如相对于地垂线的平衡，运动坐标系与空间系绳系统质心一起转动，因此分布载荷除重力梯度力和气动力外还必须包含惯性力。

当空间系绳系统沿近地轨道运动考虑气动力时，不能认为式（7.4）是相对平衡方程，因为系统质心轨道随时间变化。因此，在这种情况下最好讨论系绳的准平衡状态，研究某个有限时间段内的近似方程，在这段时间内系统质心轨道的变化是可以忽略的。

7.2.1 确定重力梯度力的分布载荷

重力梯度力的分布载荷可以表示为如下形式：

$$q_g=\rho g \tag{7.5}$$

式中，g 为重力加速度；ρ 为系绳的线密度。

根据质量守恒定律，有

$$\rho\,\mathrm{d}S=\rho_0\,\mathrm{d}S_0$$

式中，ρ_0 为系绳未拉伸时的微元段密度。系绳的延伸率为

$$\frac{\mathrm{d}S}{\mathrm{d}S_0}=\frac{\rho_0}{\rho}=\gamma(T) \tag{7.6}$$

系绳弹性拉伸时的直径变化可以表示为如下形式：

$$d_{\mathrm{T}}=d_{\mathrm{T}}^0\left(1-\frac{\nu}{EA}T\right)$$

式中，ν 为泊松系数；d_{T}^0 为未发生形变的系绳直径。

根据式（7.5）和式（7.6），有

$$q_g=\frac{\rho_0}{\gamma(T)}g \tag{7.7}$$

式中，$\gamma(T)$ 由系绳伸展律确定。对于弹性伸展，有

$$\gamma(T)=1+\frac{T}{EA} \tag{7.8}$$

7.2.2 确定气动力的分布载荷

当气体分子从系绳表面漫反射[①]时，气动力的分布载荷可以表示为

---

① 分子的漫反射是指分子与系绳表面相互作用后以相同的概率沿所有可能的方向反射。

$$\boldsymbol{q}_R = -\frac{1}{2}C\rho_{\mathrm{a}}d_{\mathrm{T}}V\boldsymbol{V}\left|\sin\alpha\right| \tag{7.9}$$

式中，$\boldsymbol{V}$ 为系绳微元段相对于大气层的对称中心的速度矢量；V 为 $\boldsymbol{V}$ 的模；C 为气动阻力系数；ρ_{a} 为大气密度；α 为速度矢量和系绳微元段方向之间的夹角（迎角）；d_{T} 为系绳直径。

7.2.3 确定惯性力的分布载荷

在运动坐标系中，系绳平衡方程［见式（7.4）］中必须考虑惯性力。由于在平衡位置处在运动坐标系中空间系绳系统的各点相对速度等于零，因此系绳平衡方程中考虑的只是以分布载荷形式 $\boldsymbol{q}_{\Phi}$ 作用在每个系绳微元段上的牵连惯性力。这个分布载荷的确定与重力梯度力载荷［见式（7.7）］相似：

$$\boldsymbol{q}_{\Phi} = -\frac{\rho_0}{\gamma(T)}\boldsymbol{a}_{\mathrm{e}} \tag{7.10}$$

式中，$\boldsymbol{a}_{\mathrm{e}}$ 为牵连加速度向量。

如果空间系绳系统质心沿未受扰动的圆轨道运动且系统处于相对于地垂线平衡的位置，那么牵连惯性力只有一个远离引力中心的分量 $\boldsymbol{a}_{\mathrm{e}} = \Omega^2\boldsymbol{r}$ 。

7.3 在近地赤道轨道上空间系绳系统平衡位置的计算

下面以圆轨道上的空间系绳系统平衡问题为例，研究空间系绳系统平衡位置的计算。假设基站航天器沿赤道平面上的圆轨道运动；基站航天器质量远大于从它上面垂下的空间系绳系统的质量，因此空间系绳系统的质心与基站航天器的质心重合；作用在空间系绳系统上的力只有重力梯度力和气动力；忽略基站航天器轨道变化，即认为在某个不长的轨道时间段内基站航天器轨道是恒定的；研究限定为平面问题。

将分布载荷［见式（7.7）～式（7.10）］投影到系绳的切向和法向，系统微元段受力分析图如图 7.1 所示。

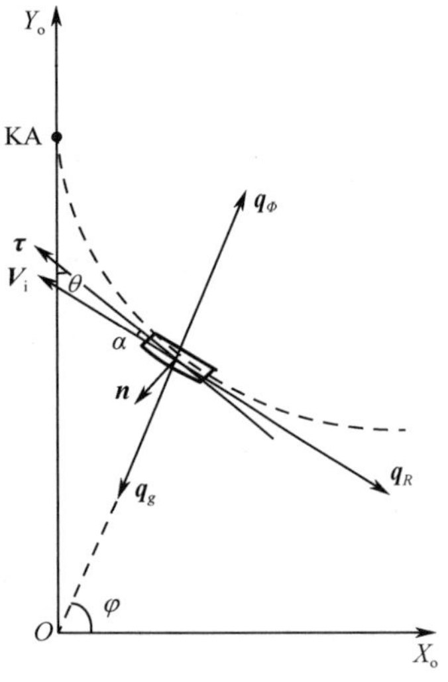

图 7.1 系绳微元段受力分析图

取负号得

$$\frac{\mathrm{d}T}{\mathrm{d}S} = \frac{\rho_0}{\gamma(T)}(g - \Omega^2 r)\sin(\varphi - \theta) + q_R\cos(\varphi - \theta) \tag{7.11}$$

$$T\frac{\mathrm{d}\theta}{\mathrm{d}S} = \frac{\rho_0}{\gamma(T)}(\Omega^2 r - g)\cos(\varphi - \theta) + q_R\sin(\varphi - \theta) \tag{7.12}$$

式中，Ω 为空间系绳系统在圆轨道上转动的角速度；r 为系绳微元段的轨道半径，$r = \sqrt{x^2 + y^2}$ ；$\sin\varphi = y/r$ ；$\cos\varphi = x/r$ ；$q_R = \frac{1}{2}Cd_{\mathrm{T}}\rho_{\mathrm{a}}V^2\,|\sin\alpha|$；系绳微元段的迎角 $\alpha = \varphi - \theta$ 。

联立运动学方程，即式（7.11）和式（7.12），可得

$$\frac{\mathrm{d}x}{\mathrm{d}S} = -\sin\theta,\quad \frac{\mathrm{d}y}{\mathrm{d}S} = \cos\theta \tag{7.13}$$

式中，x 和 y 为直角坐标。

系绳微元段相对于大气层的速度矢量 $\boldsymbol{V} = \boldsymbol{V}_{\mathrm{e}} - \boldsymbol{V}_{\mathrm{atm}}$，其中 $\boldsymbol{V}_{\mathrm{e}} = \boldsymbol{\Omega}\times\boldsymbol{r}$ 为系绳段的牵连速度矢

量；V_{atm} 为大气层该点处的空气运动速度矢量。因此，对于赤道轨道可得 $V=(\Omega-\Omega_3)r$，其中 Ω_3 为地球转动角速度。

在基站航天器沿轨道转动的方向和大气层与地球一起转动的方向一致的假设下，对无载荷的空间系绳系统进行编程积分，不难发现缺少许多初值条件。因此，在对无载荷的空间系绳系统平衡位置进行仿真分析时，需要将系绳的终端微元段看作一个小的载荷，并运用带载荷的空间系绳系统平衡位置计算方程计算出积分初值条件，进而才能进行积分运算。

7.3.1　带载荷的空间系绳系统平衡位置

为了计算带载荷的空间系绳系统平衡位置，要对式（7.11）～式（7.13）求积分，因此必须确定限制条件。

当将载荷看作质点时，其平衡条件为

$$\boldsymbol{T}_{\mathrm{s}}+\boldsymbol{G}+\boldsymbol{R}+\boldsymbol{\Phi}_{\mathrm{e}}=\mathbf{0} \tag{7.14}$$

式中，$\boldsymbol{T}_{\mathrm{s}}$、$\boldsymbol{G}$、$\boldsymbol{R}$、$\boldsymbol{\Phi}_{\mathrm{e}}$ 分别为作用在卫星上的系绳张力、重力、气动力和惯性力。系绳末端载荷受力分析图如图 7.2 所示。

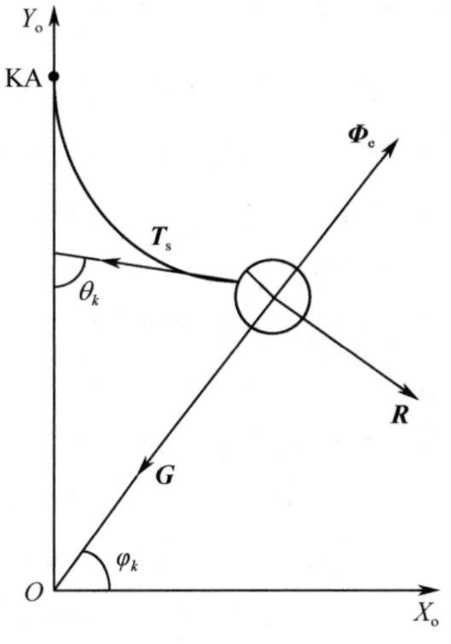

图 7.2　系绳末端载荷受力分析图

对于平面情况，根据图 7.2 中的平衡条件［见式（7.14）］按照地心轨道运动坐标系中的 X_o 轴、Y_o 轴分解，可取如下形式：

$$-(G-\Phi_{\mathrm{e}})\sin\varphi_k-R\cos\varphi_k+T_{\mathrm{s}}\cos\theta_k=0 \tag{7.15}$$

$$-(G-\Phi_{\mathrm{e}})\cos\varphi_k+R\sin\varphi_k-T_{\mathrm{s}}\sin\theta_k=0 \tag{7.16}$$

式中，$G=m\mu/r_k^2$；$\Phi_{\mathrm{e}}=m\Omega^2 r_k$；$R=C_{\mathrm{s}}\dfrac{\rho_{\mathrm{a}}(r_k)V^2}{2}S_{\mathrm{m}}$；$r_k$ 为载荷质心位置半径；m 为载荷质量；C_{s} 为球体迎面阻力系数；S_{m} 为球体横截面积；$V=(\Omega-\Omega_3)r_k$ 为卫星相对于大气层的速度。

由于平衡条件［见式（7.15）、式（7.16）］涉及 4 个未知变量 T_{s}、θ_k、r_k 和 φ_k，但只有 2 个公式，因此只能间接表示拉力 $T_{\mathrm{s}}(r_k,\varphi_k)$ 和系绳终端切线角度 $\theta_k(r_k,\varphi_k)$，这 2 个值可以在对式（7.11）～式（7.13）进行积分时作为拉力和系绳终端切线角度的积分初值。对于式（7.15）、式（7.16）中的另外 2 个变量 r_k 和 φ_k，需要通过合理猜测拟定其取值。确定了其取值以后，通过积分运算可以确定系绳初始端点坐标，即(X_0,Y_0)。由之前的建模假设可知，X_0 和 Y_0 满足如下边值条件：

$$Y_0(r_k,\varphi_k)-R_3-H_0=0,\ X_0(r_k,\varphi_k)=0 \tag{7.17}$$

式中，X_0、Y_0 分别为给定 r_k 和 φ_k 后通过积分运算获得的基站航天器质心坐标（系绳初始端点坐标），其值与 r_k 和 φ_k 的给定值有关；R_3 为地球平均半径；H_0 为基站航天器轨道高度。

由于此处采用的是均质球体，因此在这种情况下实际能够求解的仅是如下单一边值条件问题：

$$\sqrt{X_0(r_k)^2+Y_0(r_k)^2}-R_3-H_0=0$$

此时偏离角 φ_k 就显得不那么重要了。因为大气层的密度仅取决于高度，所以空间系绳系统平衡位置计算中的积分计算与 φ_k 无关。φ_k 在进行积分计算时先取任意值，再进行旋转变换，将积分终值 X_0 旋转到 0 即可。

这时选取卫星的半径 r_k（或高度 H_k），以使基站航天器位于给定高度（H_0），并且在任意地心轨道坐标系中求解边值问题。在确定 r_k 后，通过将求解边值问题的地心轨道坐标系围绕原点 O 旋转到特定角度，获得与基站航天器固连的地心轨道运动坐标系。

7.3.2 带载荷的空间系绳系统平衡位置计算示例

在本节示例中，$S_k=150\text{km}$，系绳参数为 $d_T^0=6\times10^{-4}\text{ m}$，$\rho_0=0.167\text{kg/km}$，$v=0.5\text{m/s}$，$E=2.5\times10^{10}\text{ N/m}^2$，$C=2.2$；基站航天器沿高度 $H=300\text{km}$ 的圆轨道运动；载荷为球形小航天器，其参数为 $m=10\text{kg}$，$S_m=0.126\text{m}^2$，$C_s=2.2$。该空间系绳系统平衡位置计算可以分为两步：①选择积分参数；②求解边值问题。

在积分过程中，采用定步长积分方法，并使用程序 Work7_1.xmcd 进行计算。给定载荷的大概高度，设置该值等于轨道高度减去系绳长度，即 $H_k=H-S_k$（此值将在后面得到修正，$H_k=R_k+R_3$）。确定积分步长，根据龙格-库塔法则估计误差。在运行程序时先设定积分初始步长 h=0.32 并进行计算，将步长恒定减少为原来的 1/2，并根据龙格-库塔法则确定误差。由于要求解的边值问题为 $\tilde{H}(H_k)-H_0=0$，因此将基站航天器的最终高度 $H_0=300\text{km}$ 作为检验的性能指标。经过计算后，最终选择积分步长 $h=0.0025$，相应的积分误差约为 2m。

继续求解边值问题 $\tilde{H}(H_k)-H_0=0$，其中 $H=300\text{km}$ 为给定的基站航天器高度；$\tilde{H}(H_k)$ 为积分结束后高度的数值解，与载荷高度 H_k 相关。

表 7.1 所示为载荷高度变化影响误差表，给出了误差小于 2m 的边值问题求解结果。

表 7.1 载荷高度变化影响误差表

H_k/km	151	150.5	150.75	150.775	150.8	150.808
ΔH/m	201.84	−323.87	−60.89	−34.61	−8.33	<2

在程序 Work7_1.xmcd 中求解边值问题的误差通过由基站航天器到载荷的反向积分来检验（其求解后）。两种积分的解的差值约为 10^{-15}m。

在计算后将地心轨道坐标系旋转，使其达到图 7.2 所示的位置。为此，可以通过标量积算出转动角：

$$\cos\Delta\varphi=\frac{\boldsymbol{r}\cdot\boldsymbol{R}_0}{rR_0}$$

式中，$\boldsymbol{r}$、$\boldsymbol{R}_0$ 分别为系绳初始端点［其坐标通过式（7.13）获得］的积分向量半径和先验向量半径。

坐标的换算可以通过如下公式进行：

$$x_1 = x\cos\Delta\varphi + y\sin\Delta\varphi\ ,\quad y_1 = -x\sin\Delta\varphi + y\cos\Delta\varphi$$

式中，(x_1, y_1)、(x, y) 分别为新坐标和旧坐标。

所得结果正确性的额外检验可以通过计算作用在系绳上的所有外力投影之和来进行，平衡条件如下：

$$\sum F_{kx} = T_{0x} + T_{kx} + \Delta S\sum(q_{gx} + q_{\Phi x} + q_{Rx}) = 0 \tag{7.18}$$

$$\sum F_{ky} = T_{0y} + T_{ky} + \Delta S\sum(q_{gy} + q_{\Phi y} + q_{Ry}) = 0 \tag{7.19}$$

式中，ΔS 为定步长积分时系绳微元段的长度（在计算带载荷的空间系绳系统平衡位置时，$\Delta S = 0.0025\,\text{km}$）。

平衡条件的检验在程序 Work7_2.xmcd 中进行。对于本节示例，$\sum F_{ky} \approx 7\times10^{-5}\,\text{N}$，$\sum F_{ky} \approx 1.3\times10^{-4}\,\text{N}$。

图 7.3 所示为系绳空间分布图。图 7.4～图 7.6 所示分别为系绳张力分布图、系绳的相对延伸率分布图和系绳相对于地垂线的偏离角图。

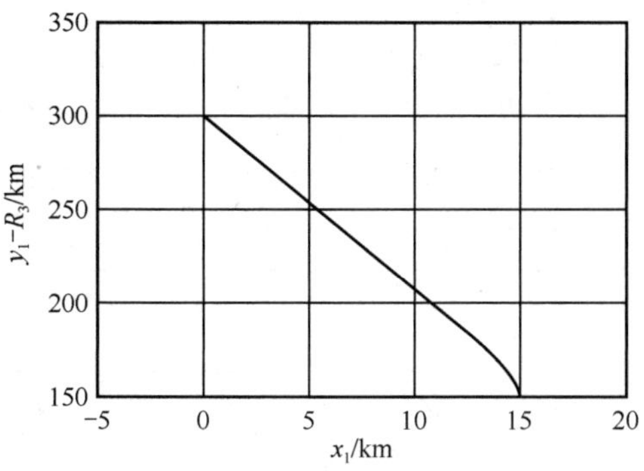

图 7.3　系绳空间分布图

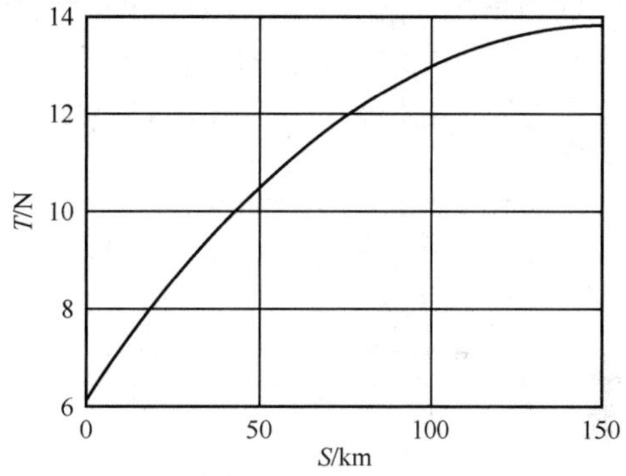

图 7.4　系绳张力分布图

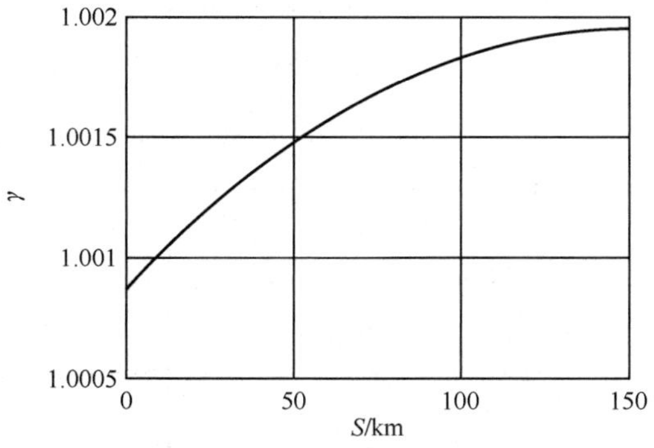

图 7.5　系绳的相对延伸率分布图

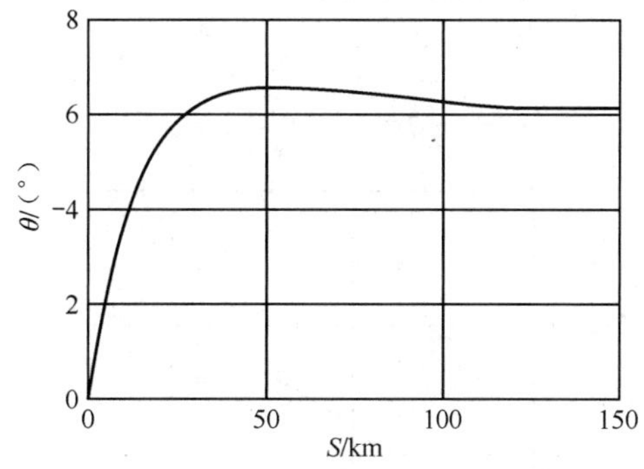

图 7.6　系绳相对于地垂线的偏离角图

7.3.3　无载荷的空间系绳系统平衡位置计算示例

在本节示例中，$S_k = 150\,\text{km}$，系绳参数为 $d_{\text{T}}^0 = 6\times10^{-4}\,\text{m}$，$\rho_0 = 0.167\,\text{kg/km}$，$\nu = 0.5\text{m/s}$，$E = 2.5\times10^{10}\,\text{N/m}^2$，$C = 2.2$；基站航天器沿高度 $H = 300\text{km}$ 的圆轨道运动。

积分参数与前面选取的参数一样。本节示例可看作 7.3.2 节示例的特例，即载荷质量 $m \to 0$ 时的情况。由于在 $m=0$ 时会得到 $T_s=0$，因此式（7.12）在这种情况下分母为零。此时将载荷的最终质量设定为微元段的质量 $\rho_0 \Delta S$（事实上这也是积分步长，在这种情况下有 $\rho_0 \Delta S \approx 4.2g$）。

边值问题 $\tilde{H}(H_k)-H_0=0$ 的求解与 7.3.2 节边值问题的求解类似，即根据给定轨道（$H_0=300\text{km}$）上的基站航天器位置选取系绳自由端的高度。在初始近似值范围内，结合前面的问题分析，即可确定载荷的最终高度。

表 7.2 所示为载荷高度变化影响误差表，给出了误差小于 2m 的边值问题求解结果。

表 7.2　载荷高度变化影响误差表

H_k/km	155	153	154	154.3	154.248	154.258
ΔH/m	914.33	−1569.08	−319.78	52.00	−12.34	<2

在程序 Work7_2.xmcd 中求解边值问题的误差通过由基站航天器到系绳自由端的反向积分来检验（其求解后）。两种积分的解的差值约为 9.6m。

图 7.7 所示为系绳空间分布图，显示了根据所给方程计算的系绳位置。图 7.8～图 7.10 所示分别为系绳张力分布图、系绳的相对延伸率分布图和系绳相对于地垂线的偏离角图。由图 7.9 可知，刚度足够大的系绳的相对延伸率不大。比较带载荷的空间系绳系统和无载荷的空间系绳系统的平衡位置计算结果不难发现它们的区别。读者可以根据所得曲线图得到相应结论。

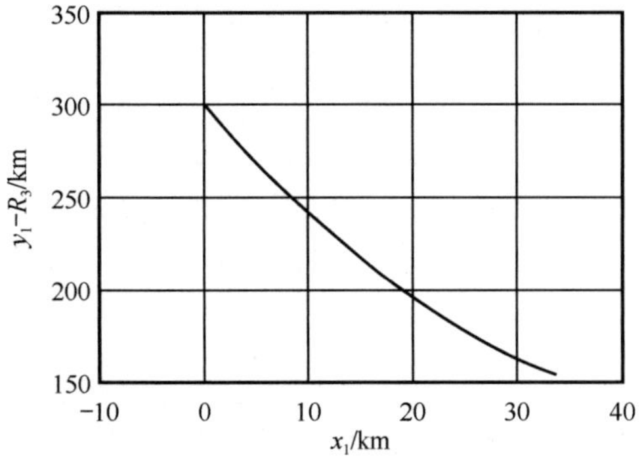

图 7.7　系绳空间分布图

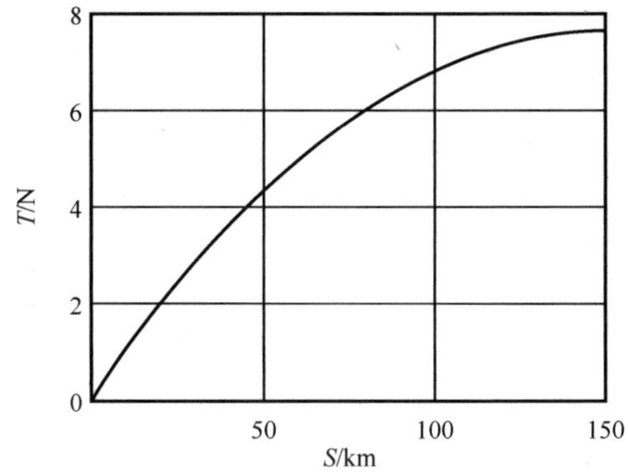

图 7.8　系绳张力分布图

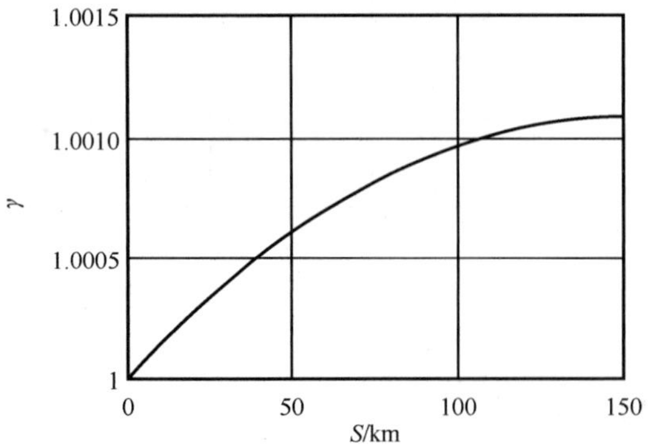

图 7.9　系绳的相对延伸率分布图

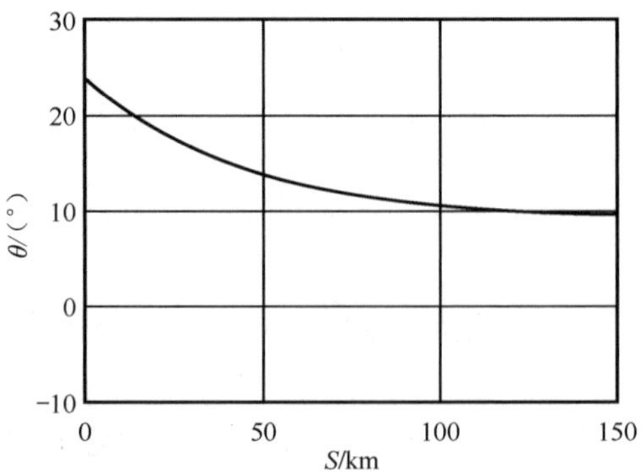

图 7.10　系绳相对于地垂线的偏离角图

7.4 同步轨道上的系绳临界长度估算

通过对空间系绳系统平衡位置进行分析与精确计算，可以得出一个重要结论，即子星质量及系绳长度均是对系统平衡位置产生显著影响的关键因素。进一步进行仿真实验可知，系绳长度存在一个极限值，即系绳临界长度。当实际系绳长度超过这个临界值时，空间系绳系统会面临系绳张力变为负值的异常情况，这在实际应用中是不可接受的，因为它预示着系绳可能因承受过大的反向张力而断裂，进而对整个空间系绳系统造成损害，严重干扰其正常工作。

基于上述研究的平衡条件，可以对特定情境下的系绳临界长度进行科学估算。以同步卫星为例，假设其运行轨道为理想圆轨道，且该轨道平面恰好与地球赤道平面重合。同步卫星的轨道角速度与地球自转的角速度近似相同，因此同步卫星几乎总是固定在地球赤道平面上方一个特定点附近。由此，可以近似确定同步卫星的高度：

$$H_{\mathrm{st}}=\left(\frac{\sqrt{\mu}}{\Omega_3}\right)^{2/3}-R_3 \tag{7.20}$$

式中，Ω_3 为地球自转的角速度。根据式（7.20）算得 $H_{\mathrm{st}}=35870\mathrm{km}$ 。

在研究系绳临界长度时主要考虑的是系绳是否发生断裂。考虑到系绳临界长度主要由所选材料的强度极限决定，可以将系绳临界长度的确定问题转换为系绳最大张力是否达到由系绳材料决定的极限张力的确定问题。系绳临界长度总是存在的，这是因为随着系绳（带载荷或无载荷）长度的增大，系绳张力也在增大。

取如下系绳材料特征参数：强度极限 σ_* 、材料密度 ρ_{m} 、弹性模量 E 。如果已知系绳直径 d_{T} ，那么不难确定系绳极限张力 $T_*=\sigma_* A$ ，其中 $A=\frac{\pi}{4}d_{\mathrm{T}}^2$ 为系绳横截面积。如果基站航天器质量远大于载荷质量，那么系绳最大张力出现在系绳与基站航天器的固定处。为了估算系绳的极限长度，研究处于重力梯度力稳定状态下的空间系绳系统，即系绳沿地垂线方向分布时的情况。这种平衡状态正好对应于同步轨道，因为在该高度上大气层的影响极小，气动力可以忽略不计。

可以使用特殊情况（ $\varphi=\pi/2$ ， $\theta=0$ ）下的式（7.11）～式（7.13）解决这个问题：

$$\frac{\mathrm{d}T}{\mathrm{d}S}=\frac{\rho_0}{\gamma(T)}(g-\Omega^2 r),\ \frac{\mathrm{d}y}{\mathrm{d}S}=1 \tag{7.21}$$

如果小航天器位于基站航天器下方，那么在这种特殊情况下，小航天器系绳固定点处的张力由式（7.15）确定：

$$T_{\mathrm{s}}=G-\varPhi_{\mathrm{e}} \tag{7.22}$$

式中，T_{s} 为与小航天器初始位置 y_0 相关的函数。$y_0(L_k)=R_3+H_{\mathrm{st}}-L_k$ ，其中 L_k 为系绳长度，需要自行拟定。

对式（7.21）由下向上积分，$S\in[0,L_{\mathrm{k}}]$ ，并求解边值问题：

$$\tilde{T}(L_k)-T_*=0 \tag{7.23}$$

式中，$\tilde{T}(L_k)$ 为积分结束时的系绳张力。

如果小航天器位于基站航天器上方，那么系绳张力方向与小航天器位于基站航天器下方时的张力方向相反。因此，式（7.21）和式（7.22）变为

$$\frac{\mathrm{d}T}{\mathrm{d}S}=\frac{\rho_0}{\gamma(T)}(\Omega^2 r-g),\ \frac{\mathrm{d}y}{\mathrm{d}S}=-1 \tag{7.24}$$

$$T_{\mathrm{s}}=\Phi_{\mathrm{e}}-G \tag{7.25}$$

且 $y_0(L_k)=R_3+H_{\mathrm{st}}+L_k$。

对式（7.24）由上向下积分，$S\in[0,L_k]$，并求解边值问题［见式（7.23）］。

如果在确定系绳临界长度时，系绳末端无载荷，那么在系绳末端假设 $T_{\mathrm{s}}=0$，这种情况下边值问题的求解与系绳末端有载荷时边值问题的求解类似。

系绳临界长度计算示例：基站航天器位于同步轨道［见式（7.20）］上，系绳（材料为凯夫拉-49[4]）参数为 $d_{\mathrm{T}}^0=6\times10^{-4}\,\mathrm{m}$，$v=0.5\mathrm{m/s}$，$E=130\times10^{10}\,\mathrm{N/m^2}$，$\sigma_*=2.8\mathrm{kN/mm^2}$，$\rho_{\mathrm{m}}=1.45\,\mathrm{g/cm^3}$；系绳极限张力 $T_*=\sigma_*$，系绳横截面积 $A\approx0.7916\mathrm{kN}$，系绳线密度 $\rho_0=\rho_{\mathrm{m}}A$；系绳末端的小航天器质量 $m=20\mathrm{kg}$，故式（7.21）中的第一个方程积分的初值 $T_{\mathrm{s}}\approx6.73\mathrm{N}$。基于在这些数据，利用程序 Work7_3.xmcd 来求解边值问题［见式（7.23）］。要预先根据龙格-库塔法则选定积分步长 $h=0.1\mathrm{km}$，以保证基站航天器附近的力积分误差约为 10^{-7}N。

表 7.3 所示为系绳长度变化影响误差表，给出了误差小于 1N 的边值问题求解结果。

表 7.3　系绳长度变化影响误差表

L_k/m	12000	13000	14000	13500	13600	13650	13610
ΔT/N	198.73	79.81	53.71	14.94	1.52	5.24	<1

当空间系绳系统无载荷，即 $m=0$、$T_{\mathrm{s}}=0$ 时，求解边值问题［见式（7.23）］可得，$L_k=13657\mathrm{km}$，误差小于 1N。

求解边值问题时的误差根据平衡检验条件［见式（7.19）］（约为 0.01N）和反向积分（约为 0.03N）进行进一步检验。

当小航天器位于基站航天器上方时，为了估算系绳临界长度，必须对程序 Work7_3.xmcd 进行改进。

（1）改变计算边界条件时微分方程右侧的符号，即保证满足式（7.24）和式（7.25）。

（2）将初始条件 $y_0(L_k)=R_3+H_{\mathrm{st}}-L_k$ 替换为 $y_0(L_k)=R_3+H_{\mathrm{st}}+L_k$。

（3）计算平衡检验条件时改变张力符号。

7.5　小结

本章研究了空间系绳系统的空间相对平衡位置计算。首先，通过确定重力梯度力、气动力、惯性力的分布载荷推导出了空间系绳系统的空间相对静止条件；其次，推导了在近地赤道轨道上空间系绳系统的平衡位置，并通过示例程序分别演示了在近地赤道轨道上带载荷和无载荷的空间系绳系统平衡位置计算过程；最后，介绍了同步轨道上的系绳临界长度估算方法，并通过示例程序演示了同步轨道上的系绳临界长度估算过程。

练习题

1. 针对下列影响因素进行控制变量实验，讨论每个因素对空间系绳系统平衡位置的影响：①基站航天器轨道高度 H；②小航天器质量 m；③系绳长度 L_k；④系绳材料特性。相应的练习数据如下。

- $H=290\text{km}$，$m=15\text{kg}$，$L_k=130\text{km}$，$d_{\text{T}}^0=0.5\text{mm}$。
- $H=250\text{km}$，$m=10\text{kg}$，$L_k=120\text{km}$，$d_{\text{T}}^0=0.7\text{mm}$。
- $H=260\text{km}$，$m=5\text{kg}$，$L_k=140\text{km}$，$d_{\text{T}}^0=0.8\text{mm}$。
- $H=310\text{km}$，$m=10\text{kg}$，$L_k=170\text{km}$，$d_{\text{T}}^0=1\text{mm}$。
- $H=350\text{km}$，$m=20\text{kg}$，$L_k=200\text{km}$，$d_{\text{T}}^0=1.5\text{mm}$。
- $H=240\text{km}$，$m=5\text{kg}$，$L_k=120\text{km}$，$d_{\text{T}}^0=1.3\text{mm}$。
- $H=330\text{km}$，$m=25\text{kg}$，$L_k=230\text{km}$，$d_{\text{T}}^0=0.4\text{mm}$。
- $H=270\text{km}$，$m=5\text{kg}$，$L_k=130\text{km}$，$d_{\text{T}}^0=0.9\text{mm}$。

系绳材料根据表 7.4 选取，参数 $v=0.5\text{m/s}$。

表 7.4　系绳材料参数表

序号	1	2	3	4	5	6
材料	涤纶	尼龙	碳	石英	硼	石墨
σ_* /（kN/mm²）	0.55	0.48	2.00	6.00	3	20
ρ_{m} /（g/cm³）	1.38	1.14	1.9	2.19	2.6	2.2
E /（N/m²）	10×10^{10}	5×10^{10}	390×10^{10}	74×10^{10}	50×10^{10}	690×10^{10}

对于以上数据需要完成以下仿真实验。

（1）根据程序 Work7_1.xmcd 计算带载荷的空间系绳系统平衡位置。

（2）根据同样的程序计算无载荷的空间系绳系统平衡位置，将等于系绳微元段质量的微元小质量作为末端质量。

（3）建立位于垂直平面内的两种（带载荷和无载荷）空间系绳系统平衡及关系曲线。

（4）根据程序 Work7_2.xmcd 计算载荷位于下方同步轨道上的系绳临界长度。

（5）改进程序 Work7_3.xmcd，计算载荷位于上方同步轨道上的系绳临界长度。

2. 什么是空间系绳系统轨道上的相对平衡位置？

3. 空间系绳系统轨道相对平衡条件包含哪些力？

4. 怎样确定重力梯度力的分布载荷？

5. 怎样确定气动力的分布载荷？

6. 怎样确定惯性力的分布载荷？

7. 对带载荷的空间系绳系统平衡位置进行计算时如何确定边界条件？

8. 对无载荷的空间系绳系统平衡位置进行计算时如何确定边界条件？

9. 如何提炼计算带载荷和无载荷的空间系绳系统平衡位置时的边值问题？

10. 什么是同步轨道？如何确定其高度？

11. 在确定系绳临界长度时求解的边值问题是什么？

12. 如何确定系绳的极限张力？
13. 系绳材料的主要特性及其实质是什么？
14. 载荷在基站航天器下方或上方哪种情况下的系绳临界长度更大？
15. 带载荷和无载荷哪种情况下的系绳临界长度更大？
16. 在研究系绳轨道平衡时，对于系绳来说，哪些力为外力？哪些力为内力？

第 8 章　小航天器分离时控制系统的过渡过程分析

8.1　引言

本章对航天器间距较小（小于 3km）的空间系绳系统展开初始段控制系统的过渡过程进行分析。空间系绳系统展开初始段的特点是作用在航天器上的重力梯度力差较小，因此自然张力不大；若控制系统参数选择不当，则系绳可能会出现松弛（弯曲）现象。这会导致控制系统失去可控性，进而使空间系绳系统展开失败，导致小航天器（载荷）不能达到给定的展开状态。

为了计算控制系统的工作特性，应当研究地心轨道运动坐标系下的空间系绳系统轨道运动方程。与运动坐标系下的展开仿真（第 3 章、第 4 章）相比，在所研究的运动模型中可以考虑以下因素：空间系绳系统展开过程中系绳的伸展性、系绳可能的松弛度、基站航天器质量、基站航天器的轨道变化、控制机构的惯性、控制系统反馈回路。在研究的模型中考虑以下假设。

（1）采用中心球体引力场。

（2）将基站航天器和小航天器视为质心。

（3）不考虑气动力。

（4）系绳无质量。

（5）控制机构的惯性恒定。

（6）采用理想控制器，不考虑控制系统工作的离散性、测量误差及其他扰动。

当系绳长度相对不大（不超过 10km）时，可以采用无质量系绳数学模型，这个模型完全适合所研究的问题。本章采用系绳展开到垂直位置长度为 3km 的控制律，即地心轨道运动坐标系下的系统积分计算所得的标称展开程序［见式（3.29）］。控制律参数应该根据第 3 章的研究结果选取。

8.2　运动初始条件计算

当末端体为质点、系绳无质量时，在地心惯性坐标系下，空间系绳系统的运动学方程和动力学方程可以表示为

$$\frac{\mathrm{d}\boldsymbol{r}_k}{\mathrm{d}t}=\boldsymbol{V}_k,\quad m_k\frac{\mathrm{d}\boldsymbol{V}_k}{\mathrm{d}t}=\boldsymbol{G}_k+\boldsymbol{T}_k \tag{8.1}$$

式中，$k=1,2$，为小航天器和基站航天器对应的下标；$\boldsymbol{r}_k$、$\boldsymbol{V}_k$ 为地心惯性坐标系下的向量半径和速度；m_k 为航天器质量；$\boldsymbol{G}_k=-\mu\frac{m_k\boldsymbol{r}_k}{r_k^3}$ 为地球中心场中的重力梯度力；$\boldsymbol{T}_2=T\frac{\boldsymbol{r}_1-\boldsymbol{r}_2}{|\boldsymbol{r}_1-\boldsymbol{r}_2|}$，$\boldsymbol{T}_1=-\boldsymbol{T}_2$，为作用在航天器上的相应弹性力，其中 T 为弹性力模量，$\frac{\boldsymbol{r}_1-\boldsymbol{r}_2}{|\boldsymbol{r}_1-\boldsymbol{r}_2|}$ 表示弹性力的方向。

由于系绳不能承受挤压，因此弹性力模量根据胡克定律按照如下表达式计算：

$$T=\begin{cases}c\dfrac{|\boldsymbol{r}_1-\boldsymbol{r}_2|-L}{L} & (|\boldsymbol{r}_1-\boldsymbol{r}_2|-L\geqslant 0)\\ 0 & (|\boldsymbol{r}_1-\boldsymbol{r}_2|-L<0)\end{cases} \tag{8.2}$$

式中，$\boldsymbol{r}_1$、$\boldsymbol{r}_2$ 分别为小航天器和基站航天器的矢径；L 为从控制机构中释放的没有伸展的系绳长度；$c=EA$，为弹性系数，其中 E 为杨氏模量，A 为系绳横截面积，$A=\dfrac{\pi d_{\mathrm{T}}^2}{4}$，$d_{\mathrm{T}}$ 为系绳直径。

式（8.1）、式（8.2）还应与制动机构运动方程联立。当控制机构惯性的变化忽略不计时，有

$$m_{\mathrm{M}}\frac{\mathrm{d}V_L}{\mathrm{d}t}=T-F_{\mathrm{c}},\ \frac{\mathrm{d}L}{\mathrm{d}t}=V_L \tag{8.3}$$

式中，L、V_L 分别为未伸展的系绳长度和其释放速度；F_{c} 为控制力；$m_{\mathrm{M}}=\mathrm{const}$，为描述控制机构惯性的质量。

控制力 F_{c} 与展开控制律、控制误差、反馈系数有关，即

$$F_{\mathrm{c}}=F_{\mathrm{c}}(F_{\mathrm{cn}},\Delta L,\Delta V,K_L,K_V) \tag{8.4}$$

式中，K_L、K_V 为控制系数；F_{cn} 为制动机构中的控制力标称值；$\Delta L=L-L_{\mathrm{n}}$ 和 $\Delta V=V_L-V_{\mathrm{n}}$ 为控制误差；L_{n}、V_{n} 为系绳的标称长度值和释放速度。本章研究控制力的几种形式。

若将由式（8.1）表示的系统在地心惯性坐标系下进行积分，那么必须计算分离后小航天器的运动初始条件。

在小航天器分离时刻，力学系统共包含两部分——小航天器和基站航天器。如果小航天器相对于基站航天器分离的速度向量 $\boldsymbol{V}_{\mathrm{r}}$ 已知，那么不难计算分离后的小航天器质心速度和基站航天器质心速度（利用动量守恒定律），计算公式如下：

$$\boldsymbol{V}_1=\boldsymbol{V}_2+\boldsymbol{V}_{\mathrm{r}},\ \boldsymbol{V}_2=\boldsymbol{V}_{\mathrm{c}}-\frac{m_1}{m_1+m_2}\boldsymbol{V}_{\mathrm{r}} \tag{8.5}$$

式中，$\boldsymbol{V}_{\mathrm{c}}$ 为分离前的系统质心速度；$\boldsymbol{V}_1$、$\boldsymbol{V}_2$ 分别为分离后的小航天器质心速度和基站航天器质心速度；m_1、m_2 分别为小航天器质量和基站航天器质量。

如果研究的问题是平面问题，小航天器向下分离，θ_V 为分离方向相对于地垂线的偏离角，那么有

$$V_{x1}=V_{x\mathrm{c}}-\frac{m_2}{m_1+m_2}V_{\mathrm{r}}\cos\theta_V,\ V_{y1}=V_{y\mathrm{c}}-\frac{m_2}{m_1+m_2}V_{\mathrm{r}}\sin\theta_V,\ V_{z1}=0 \tag{8.6}$$

$$V_{x2}=V_{x1}+V_{\mathrm{r}}\cos\theta_V,\ V_{y2}=V_{y1}+V_{\mathrm{r}}\sin\theta_V,\ V_{z2}=0 \tag{8.7}$$

式中，$V_{x\mathrm{c}}=0$ 和 $V_{y\mathrm{c}}=V_{\mathrm{c}}$ 分别为沿高度为 H 的圆轨道运动的系统质心速度投影。

假定小航天器分离前基站航天器–小航天器组合体沿地垂线方向且位于系统质心轨道平面内。分离前系统质心沿高度为 H 的圆轨道运动，基站航天器和小航天器质心间的初始距离为 L_0。此时，使地心惯性坐标系的 x 轴与系统质心初始位置（地垂线）重合，平面 Oxy 与轨道平面重合，根据基站航天器–小航天器组合体的分布不难计算小航天器和基站航天器质心的初始坐标：

$$x_1=R_3+H-\frac{m_2}{m_1+m_2}L_0,\ y_1=0,\ z_1=0 \tag{8.8}$$

$$x_2=R_3+H+\frac{m_1}{m_1+m_2}L_0,\ y_2=0,\ z_2=0 \tag{8.9}$$

控制系统的结构图如图 8.1 所示。

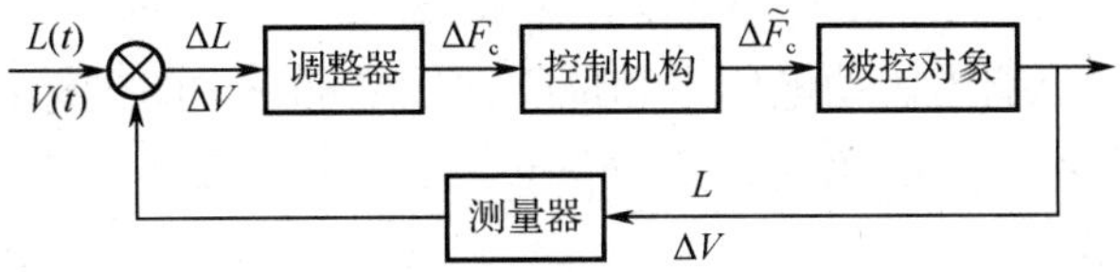

图 8.1　控制系统的结构图

图 8.1 中，ΔF_c、$\Delta\tilde{F}_c$ 分别为调整器产生的控制力修正值和控制机构输出值。

8.2.1　控制力形式

在分析过渡过程时研究如下控制力形式：

$$F_c = F_{cn} + K_L \Delta L + K_V \Delta V \tag{8.10}$$

$$F_c = F_{cn}(1 + K_L \Delta L + K_V \Delta V) \tag{8.11}$$

$$F_c = K_L \Delta L + K_V \Delta V \tag{8.12}$$

$$F_c = F_{cn}(K_L \Delta L + K_V \Delta V) \tag{8.13}$$

式中，ΔL、ΔV 分别为绳长和速度的修正项；K_L、K_V 分别为绳长和速度对应的反馈系数。

在所有控制力形式［见式（8.10）～（8.13）］中，反馈系数 K_L、K_V 取常值。对于标称力 F_{cn}，其展开控制律与展开到垂直位置的控制律相同。式（8.10）、式（8.11）描述的是标称力附加控制力修正值。在式（8.11）和式（8.13）中，控制力修正值与标称力相乘，即它们与标称力成正比。如果控制力使从控制机构中释放的系绳制动，那么控制力为正。

8.2.2　控制限制（约束）

在控制系统工作仿真过程中，必须考虑空间系绳系统控制作用与状态变量的限制。控制力受到控制机构的控制力的限制。由于本章研究的控制机构仅工作于制动状态，因此有

$$F_{c,\min} \leqslant F_c \leqslant F_{c,\max},\quad 0 \leqslant V_L \leqslant V_{\max} \tag{8.14}$$

式中，$F_{c,\min}$、$F_{c,\max}$ 分别为最小容许控制力和最大容许控制力；$V_{\max}$ 为系绳展开最大容许速度。由于研究的机构不能回卷系绳，因此式（8.4）在积分时必须考虑系绳只能释放，不能回卷的约束条件。

8.3　控制系统过渡过程和运动特征

在控制系统工作仿真过程中分析下列过渡过程：①根据系绳长度 $\Delta L(t)$ 的过渡过程；②根据速度 $\Delta V(t)$ 的过渡过程；③根据控制力 $\Delta F_c(t) = F_c(t) - F_{cn}(t)$ 的过渡过程。将系绳长度、速度及小航天器位置的最终展开的最大误差作为要研究的运动特征，展开结束后小航天器应该处于地垂线位置和地球表面上方给定高度上，其相对于地垂线的最终展开速度为零。

8.3.1　小航天器相对于地垂线的运动轨迹建立

由于空间系绳系统运动的计算是在地心惯性坐标系中进行的，因此为了建立小航天器相对于基站航天器和地垂线的运动轨迹，必须把坐标换算到与基站航天器一起转动的运动坐标系

中。这样的坐标换算可以根据如下公式进行（在平面情况下）：

$$x_n = x\cos\psi + y\sin\psi,\ y_n = -x\sin\psi + y\cos\psi \tag{8.15}$$

式中，(x_n, y_n)、(x, y)分别为运动坐标系和地心惯性坐标系中的坐标；ψ 为确定相对于地心惯性坐标系的运动坐标系位置的角度；$\sin\psi = y_2/r_2$，$\cos\psi = x_2/r_2$，其中 x_2 和 y_2 为地心惯性坐标系中的基站航天器坐标。

在新坐标系中给定的最终小航天器位置为

$$x_n(t_k) = R_3 + H - L_k,\ y_n(t_k) = 0 \tag{8.16}$$

控制系统工作时影响过渡过程的因素如下所示。

（1）反馈系数 K_L、K_V 和控制器形式。

（2）小航天器分离时速度 V_r 和方向（角 θ_V）的误差。

（3）控制力形式［见式（8.10）～（8.13）］。

（4）控制力的限制［见式（8.14）］。

（5）描述控制机构惯性的质量 m_M。

（6）系绳材料的特性。

（7）状态变量的限制（$V_L > 0$）。

（8）控制系统某些部件工作的离散度。

（9）测量误差。

（10）控制机构工作时的干扰。

测量误差对控制性能的影响将在第 9 章研究。控制机构工作时的干扰只能在应用具体控制机构和控制系统部件时研究，因此本章不进行研究。控制器采用比例控制器（$K_L \neq 0, K_V = 0$）、微分控制器（$K_L = 0, K_V \neq 0$）或比例微分控制器（$K_L \neq 0, K_V \neq 0$），积分控制器在本章中不进行研究。系绳材料的特性给定。

本章在进行控制系统工作仿真时采用的是数学模型渐近复杂化的概念，这样可以清楚地区分不同因素对控制系统过渡过程的影响。数学模型渐近复杂化在下列次序中进行。

（1）研究不考虑控制力和状态变量限制的连续模型。根据这个模型分析反馈系数、控制器形式、控制力形式和分离误差对控制系统过渡过程的影响。在选择反馈系数时要尽力满足控制力和状态变量限制条件。

（2）引入控制力和状态变量限制，通过数学仿真评估它们对控制系统过渡过程的影响。

（3）评估控制机构的惯性对控制系统过渡过程持续时间的影响。

（4）评估测量误差的影响及应用动态滤波器的可能性。

注：系统动态性能的衡量指标可以总结为稳定性、过渡过程持续时间、过渡形式（振荡或非周期性收敛）、超调量。参数的优化可以采用基于拉普拉斯变换的线性系统经典解算方法、基于 Z 变换的离散系统经典解算方法、贝尔曼动态规划、庞特里亚金极大值原理、基于最优化数值方法的直接求解等方法实现。

8.3.2 控制系统过渡过程示例

本章中的空间系绳系统受控运动数学模型是连续模型，方程的积分以给定误差变步长进行。这样可以缩短计算时间，并极大地简化控制系统过渡过程的参数化分析过程。

系绳材料给定并且其特性确定。本节示例中研究的系绳材料为 YES2 实验中应用的系绳材料，其直径 $d_T = 6\times10^{-4}\,\mathrm{m}$，弹性模量 $E = 130\times10^{10}\,\mathrm{N/m^2}$。小航天器质量 $m_1 = 20\mathrm{kg}$，基站航天器质量 $m_2 = 6000\mathrm{kg}$，描述控制机构惯性的质量 $m_M = 0.2\,\mathrm{kg}$。小航天器沿地垂线方向向下分离。小航天器分离前系统质心圆轨道高度 $H = 300\,\mathrm{km}$。

展开根据第 3 章中的控制律[见式(3.5)]进行，参数为 $a = 4.6094$，$b = 3.5242$，$c = 1.6049$，$L_k = 3000\mathrm{m}$，$t_k = 6000\mathrm{s}$（见图 3.3）。控制力采用式（8.10）所示的形式。

首先选取变步长积分方法的参数：积分初始步长 $h = 0.05\mathrm{s}$，步长自动选择的恒量 $D = 10^{-7}$，最大积分步长 $h_{\max} = 1\mathrm{s}$。在给定积分方法参数的情况下，计算误差如下：系绳长度误差为 0.1m，速度误差为±0.01m/s，小航天器的最终坐标误差为±0.1m。这通过由恒量 $D = 10^{-6}$ 和 $D = 10^{-7}$ 进行的计算得到了证实。

图 8.2～图 8.5 给出了在单位反馈系数 $K_L = K_V = 1$ 和 $\Delta V_r = 0.1V_r$（对于本例而言 $V_r = 2.5\mathrm{m/s}$）的分离速度初始扰动下，对于误差 $\Delta L(t)$、$\Delta V(t)$ 及控制力 $\Delta F_c(t)$ 和系绳张力 $T(t)$ 的过渡过程。

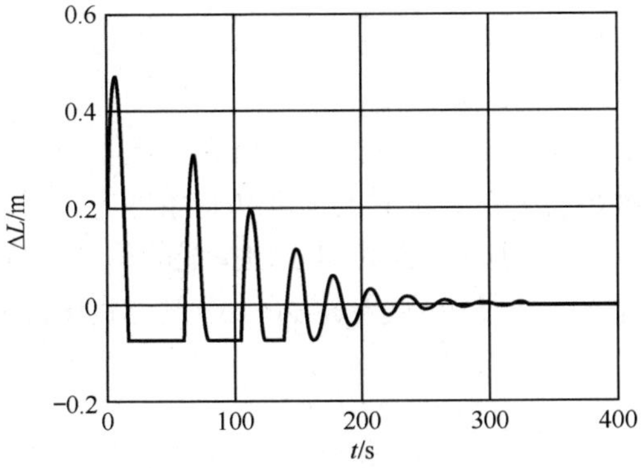

图 8.2　系绳长度误差

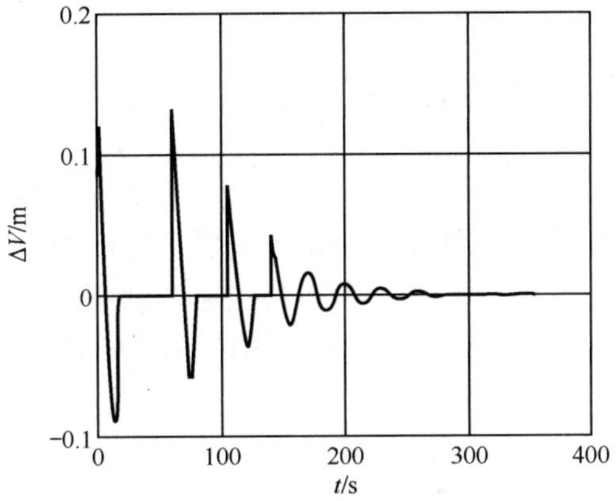

图 8.3　速度误差

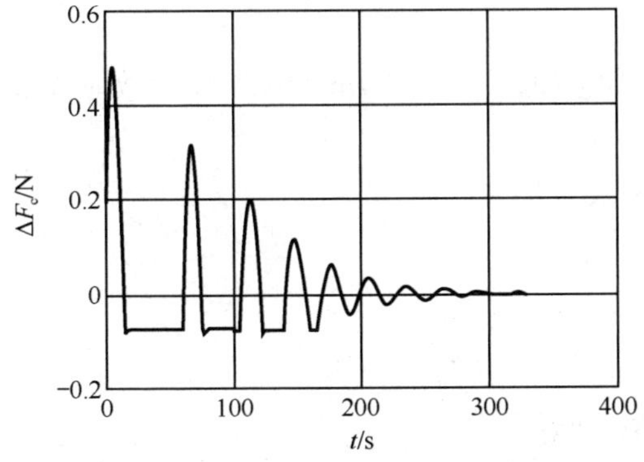

图 8.4　控制力

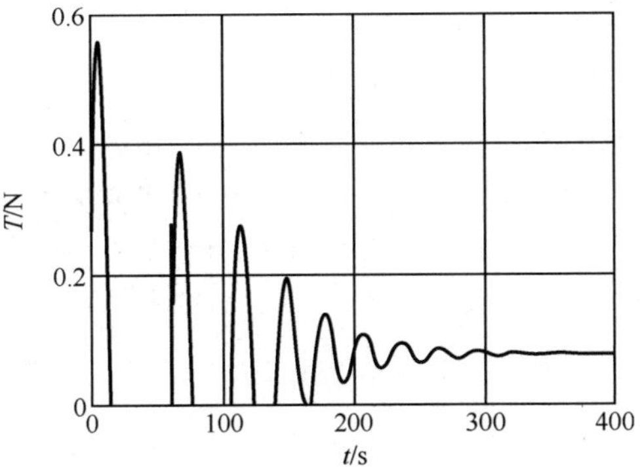

图 8.5　系绳张力

图 8.2～图 8.5 所示的过渡过程具有特征拐点，这是因为系绳存在下弯（打弯）段（见图 8.6）。系绳下弯段是不希望出现的，因为这可能引起系绳缠结、产生绳扣、小航天器相对质心的运动失稳（这个问题在这里不进行研究），这意味着系绳可能缠绕小航天器，因此需要修正这些系数。图 8.2～图 8.5 所示的过渡过程具有振荡特征，相对标称特征的偏离趋近零，这是对于具有渐近稳定性特性过程的特征。根据图 8.2～图 8.5 可以确定所研究的过渡过程的近似持续时间。根据所研究的所有特征可以确定，过渡过程的持续时间约为 300s。图 8.6 所示为

小航天器相对于地垂线的运动轨迹。由图 8.6 可知，基站航天器沿轨道向右运动，而小航天器最终到达地垂线上的目标点，其位置偏差为 $\Delta x_n(t_k) \approx 9.9\,\mathrm{m}$ ，$\Delta y_n(t_k) \approx 5.2\,\mathrm{m}$ 。

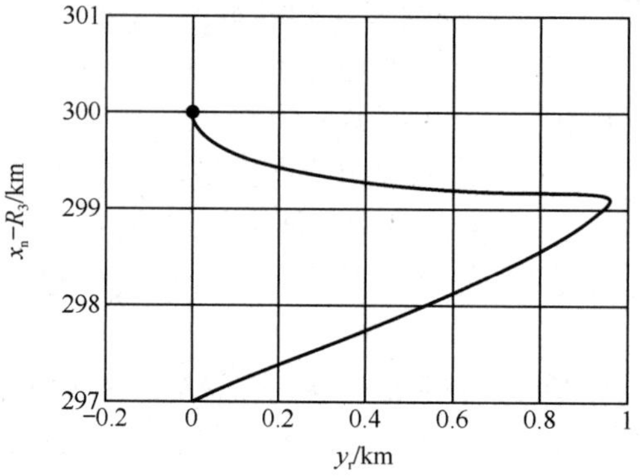

图 8.6　小航天器相对于地垂线的运动轨迹

8.4　小结

本章对空间系绳系统展开初始段控制系统的过渡过程进行了分析，并研究了地心轨道运动坐标系下的空间系绳系统展开仿真特性。首先，对小航天器分离时的运动初始条件进行了推导，介绍了控制力形式及控制限制（约束）；其次，建立了小航天器相对于地垂线的运动轨迹，并采用了 YES2 实验中应用的系绳的特性参数，在代入具体数值后仿真展示了过渡过程中控制系统的状态变化。

练习题

研究条件如下。

（1）采用第 3 章中的控制律［见式（3.5）］，系绳长度 $L_k = 3000\,\mathrm{m}$ 的控制律参数应该根据求解边值问题获得。

（2）系绳材料与第 7 章中的研究方案一致（见表 7.4）。

（3）载荷质量与第 3 章中的研究方案一致。

（4）控制力不存在上限，即 $F_{c,\min} \leqslant F_c$ 。

其余原始数据如表 8.1 所示。

表 8.1　其余原始数据

研究方案编号	1	2	3	4	5	6	7	8
基站航天器质量/kg	5000	4500	6500	7000	5200	4000	8000	3000
描述控制机构惯性的质量/kg	0.25	0.15	0.1	0.3	0.5	1	0.75	0.4
控制力的第二种形式	式（8.11）	式（8.12）	式（8.13）	式（8.11）	式（8.12）	式（8.13）	式（8.11）	式（8.12）
$F_{c,\min}$/N	0.02	0.015	0.025	0.015	0.008	0.022	0.013	0.008

注：式（8.11）和式（8.13）所示的控制力形式可能需要很大的反馈系数（比单位 1 大几

个量级)，这与控制力修正值和标称力相乘有关，控制力达到千牛级。

1. 本章采用程序 Work8.xmcd，根据上面的研究条件，完成如下任务。

（1）根据控制系统过渡过程稳定性条件选取小航天器从基站航天器上理想分离情况下的反馈系数初值，采用式（8.10）所示的控制力形式，研究不考虑控制力和状态变量限制的展开。

（2）不考虑反馈 $F_c = F_{cn}$（其中 F_{cn} 为控制力标称值），计算空间系绳系统的展开，给出结论。

（3）选取保证系绳不打弯展开（系绳张力 $T>0$）的反馈系数，满足限制条件 $F_c>0$ 和 $V_L>0$，采用式（8.10）所示的控制力形式，研究带初始扰动 $\Delta V_r = 0.1V_r$（其中 V_r 为标称分离速度）的展开。

（4）将积分量导入控制器并分析这个量对控制系统过渡过程的影响。控制力形式为

$$F_c = F_{cn} + K_L\Delta L + K_V\Delta V + K_J\Delta J$$

式中，K_J 为补充的控制器系数；$\Delta J = J - J_n$，$J=\int_0^t L(t)\mathrm{d}t$，$J_n=\int_0^t L_n(t)\mathrm{d}t$，$L_n(t)$ 为与时间相关的系绳标称长度。

（5）估计系绳长度 $\Delta L(t)$、速度 $\Delta V(t)$ 和控制力 $\Delta F_c(t)$ 的控制系统过渡过程持续时间。

（6）定性评估控制系统过渡过程的特征（振荡或非周期性收敛，误差是否趋于零或具有静态误差等）。

（7）记录小航天器到达终点的误差 $\Delta x_n(t_k)$、$\Delta y_n(t_k)$。

（8）根据研究条件（见表 8.1）改变控制力形式并采用这个控制力形式对过渡过程和控制误差进行类似的分析。

（9）根据所得误差和过渡过程形式从两种控制力形式中选出最好的形式。

（10）在这个控制系统中是否可以采用比例控制器（$K_L \ne 0,\ K_V = 0$）？请进行必要的分析。

（11）在这个控制系统中是否可以采用微分控制器（$K_L = 0,\ K_V \ne 0$）？请进行必要的分析。

（12）根据研究方案和速度 $V_L>0$ 的情况确定式（8.16）所示的控制力限制，并定性评估控制系统过渡过程的变化。

（13）改变描述控制机构惯性的质量 m_M，先将其增大两倍，而后减小一半。请写出控制系统过渡过程的时间变化情况。

（14）进行带以下扰动的计算：①初始速度扰动 $\Delta V_r = -0.1V_r$；②初始分离方向扰动 $\Delta\theta_V = \pm 20^\circ$。请评估过渡过程的变化和小航天器到达终点的误差。

（15）当不存在控制力，即 $F_c = 0$ 时，计算从基站航天器上分离后小航天器的运动。请建立其运动轨迹。

（16）当系绳被拉断，即 $F_c = T = 0$ 时，计算从基站航天器上分离后小航天器的运动。请建立其运动轨迹。

2. 本章中采用的空间系绳系统数学模型做了什么假设？

3. 与地心轨道运动坐标系中的空间系绳系统运动模型相比，地心惯性坐标系中的模型具有什么特点？

4. 如何确定航天器的重力梯度力？

5. 如何确定系绳张力？

6. 在研究的模型中如何对控制机构工作进行仿真？
7. 如何确定小航天器和基站航天器运动的初始条件？
8. 什么是系绳的下弯段？
9. 在确定控制力时需要考虑什么样的限制？它们与什么有关？
10. 空间系绳系统状态变量的限制是什么？它们与什么有关？
11. 本章研究了哪些控制力形式？
12. 什么是比例控制器？
13. 什么是微分控制器？
14. 什么是比例微分控制器？
15. 本章中分析的是什么样的过渡过程？什么是过渡过程？
16. 控制机构的惯性对控制系统过渡过程性能有什么影响？
17. 什么扰动对控制系统过渡过程性能有影响？
18. 分离方向对控制系统过渡过程性能有什么影响？
19. 扰动 $\Delta V_{\mathrm{r}} = \pm 0.1 V_{\mathrm{r}}$ 作用下的过渡过程有什么区别？
20. 扰动 $\Delta\theta_V = \pm 20^\circ$ 作用下的过渡过程有什么影响？小航天器运动轨迹有什么变化？
21. 没有控制力时小航天器的运动是什么样的？
22. 当系绳被拉断，即 $F_{\mathrm{c}} = T = 0$ 时，小航天器的运动是什么样的？

第 9 章　空间系绳系统展开的最优控制器经典综合方法

9.1　引言

空间系绳系统的运动主要分为系绳展开、状态保持、系绳回收三个阶段，系绳展开是空间系绳系统完成太空任务的首要阶段，所有空间系绳技术的应用都无法回避系绳按人类预期正确展开的问题。系绳完好、正确地展开是进行空间系绳技术应用的前提和基础，只有系绳安全、稳定地展开到预期位置，空间系绳系统才能进行下一步太空任务。为此，本章将对空间系绳系统展开的最优控制问题进行研究。

最优控制的经典方法包括变分法、极大值原理和动态规划。变分法是指将最优控制问题转化为求解泛函极值问题，通过求解泛函极值来得到最优控制策略，这种方法常用于解决连续系统的最优控制问题。极大值原理是指在给定条件下通过求解哈密顿函数的极值来得到最优控制策略，这种方法具有更广泛的适用性，可以处理连续系统和离散系统的最优控制问题。动态规划是指将最优控制问题分解为一系列子问题，通过求解子问题的最优解来得到最优控制策略，这种方法可以有效地处理具有复杂约束条件和性能指标的最优控制问题。在实际应用中，最优控制器的设计需要考虑系统的动态特性、性能指标、约束条件等因素，并结合具体工程背景进行实现。

空间系绳系统展开的最优控制器的设计通常需要使系统在设定条件下以最小代价或最大效率展开，展开过程的实现涉及各种控制策略，如反馈控制、前馈控制、最优控制等。在最优控制策略中，通常会考虑时间、能耗、误差等性能指标，控制输入应使这些指标最小化或最大化。对于空间系绳系统的展开，还需要考虑一些特殊的约束条件，如系绳的展开长度、释放速度、结构强度、张力范围等，这些约束条件可能会对控制策略的设计和实施产生影响。因此，在设计最优控制器时，需要找到满足这些条件的最优控制策略。

本章将基于贝尔曼动态规划设计空间系绳系统展开的最优控制器。贝尔曼动态规划是由理查德·贝尔曼（Richard Bellman）在 20 世纪 50 年代初提出的最优化原理，其核心思想是将多阶段决策过程转化为一系列阶段决策过程，求解每个阶段的局部最优解，从而找到全局最优解。本章还将设计能够保证空间系绳系统的动力学系统状态偏差量最小，同时使释放过程中的控制量尽可能小的最优判据。

9.2　基于贝尔曼动态规划的最优控制器设计

优化问题如下。对于一个动态系统，有

$$\frac{\mathrm{d}\boldsymbol{x}}{\mathrm{d}t}=F(\boldsymbol{x},\boldsymbol{u}) \tag{9.1}$$

式中，$\boldsymbol{x}$ 为状态向量；$\boldsymbol{u}$ 为控制向量。

控制的目的是使系统能从初始状态达到给定状态，即

$$\boldsymbol{x}(t_0) \Rightarrow \boldsymbol{x}(T) \tag{9.2}$$

因此，建立如下指标函数（使其快速响应）：

$$I = \int_{t_0}^{T} w(\boldsymbol{x}(t), \boldsymbol{u}(t))\mathrm{d}t \Rightarrow \min \tag{9.3}$$

式中，$w(\boldsymbol{x},\boldsymbol{u}) \geqslant 0$。指标函数非负，若 $w(\boldsymbol{x},\boldsymbol{u}) = 1$，则式（9.3）可以化简为

$$I = T - t_0 \Rightarrow \min \tag{9.4}$$

式中，T 为终端时间；t_0 为初始时间。此时得到的就是快速响应函数，即该路径达到给定状态的时间最短。

贝尔曼动态规划就利用了此原理，其基本思路是利用一个最优子结构寻找一条最短路径，其示意图如图 9.1 所示。图 9.1 中的直线表示单一的边界（edge），每条曲线表示连接各自顶点的最短路径。其中，粗线表示从起始点到目标点的总体最短路径。在具体求解过程中，贝尔曼动态规划将一个决策问题简化为一系列沿时间序列分布的决策步骤。其简化思路为，定义一个函数序列 $V_1, V_2, \cdots, V_n$，将 y 定义为从 1 到 n 各时刻的系统状态量。此时 $V_n(\boldsymbol{y})$ 为 $\boldsymbol{y}$ 在最后时刻的函数值；V_i 为更早时刻的函数值，其中 $i = n-1, n-2, \cdots, 2, 1$。因此，$V_n(\boldsymbol{y})$ 的值仅由状态量 $\boldsymbol{y}$ 在最后时刻的值确定，而更早时刻的 V_i 可以利用由贝尔曼方程定义的递归关系通过 $V_n(\boldsymbol{y})$ 一步步回溯。任意时刻的状态量 $\boldsymbol{y}$ 都可以通过对一个简单函数（一般为和）求极值得到。对于前一时刻的函数值 V_{i-1}，由于后一时刻的函数值 V_i 已求得，因此其值可以通过递归求得。最终，初始时刻的函数值 V_1 就是最优解。决策变量的最优值可以通过此方法逐一按顺序求解得到。

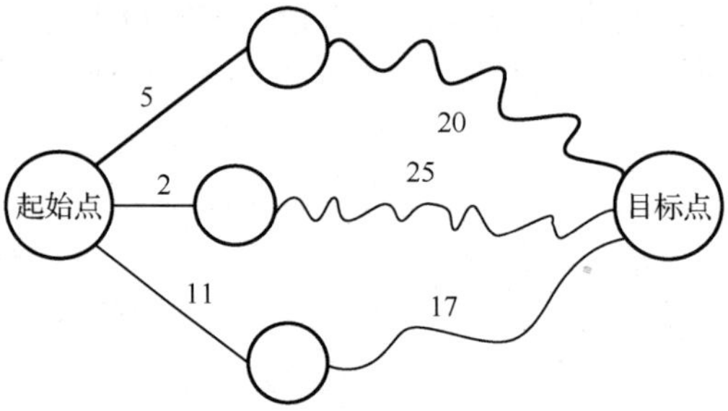

图 9.1　贝尔曼动态规划最短路径示意图

任意最优准则定义下的优化问题都可以转化为图 9.2 所示的最短时间问题。

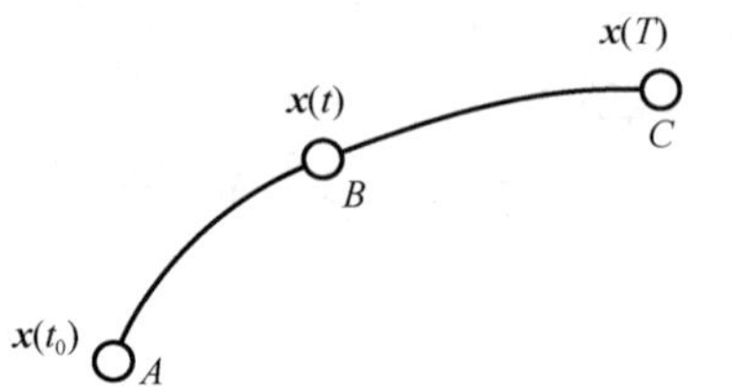

图 9.2　贝尔曼动态规划最短时间示意图

假设：$A \to C$ 最优的时间为 $v(\boldsymbol{x}_0)$；$B \to C$ 最优的时间为 $v(\boldsymbol{x})$；$A \to B$ 非最优，时间为任意的 $t - t_0$。

因此，有

$$v(\boldsymbol{x}_0) \leqslant t - t_0 + v(\boldsymbol{x}) \tag{9.5}$$

移相并同除以$t-t_0$，可得

$$0 \leqslant 1 + \frac{v(\boldsymbol{x}) - v(\boldsymbol{x}_0)}{t - t_0} \tag{9.6}$$

因此，当$t \to t_0$时有

$$0 \leqslant 1 + \left.\frac{\mathrm{d}v(\boldsymbol{x})}{\mathrm{d}t}\right|_{t=t_0} \tag{9.7}$$

$$0 \leqslant 1 + \left.\frac{\partial v(\boldsymbol{x})}{\partial \boldsymbol{x}}\frac{\mathrm{d}\boldsymbol{x}}{\mathrm{d}t}\right|_{t=t_0} = 1 + \left.\frac{\partial v(\boldsymbol{x})}{\partial \boldsymbol{x}} F(\boldsymbol{x},\boldsymbol{u})\right|_{t=t_0} \tag{9.8}$$

根据贝尔曼原理，对于任意t都有

$$1 + \frac{\partial v(\boldsymbol{x})}{\partial \boldsymbol{x}} F(\boldsymbol{x},\boldsymbol{u}) \geqslant 0 \tag{9.9}$$

此时贝尔曼方程可以写为

$$\min_{\boldsymbol{u}}\left[1 + \frac{\partial v(\boldsymbol{x})}{\partial \boldsymbol{x}} F(\boldsymbol{x},\boldsymbol{u})\right] = 0 \tag{9.10}$$

假设由式（9.10）可确定$\boldsymbol{u}^0(\boldsymbol{x})$的结构形式$\boldsymbol{u}^0\left(\boldsymbol{x},\dfrac{\partial v}{\partial \boldsymbol{x}}\right)$，则贝尔曼方程的对应解为

$$1 + \frac{\partial v}{\partial \boldsymbol{x}} F\left(\boldsymbol{x},\boldsymbol{u}^0\left(\boldsymbol{x},\frac{\partial v}{\partial \boldsymbol{x}}\right)\right) = 0 \tag{9.11}$$

由式（9.11）确定$v(\boldsymbol{x})$，将$v(\boldsymbol{x})$代入式（9.10），得到$\boldsymbol{u}^0(\boldsymbol{x})$，则对应的最优轨迹为

$$\frac{\mathrm{d}\boldsymbol{x}^0}{\mathrm{d}t} = F(\boldsymbol{x}^0,\boldsymbol{u}^0) \tag{9.12}$$

假设最优准则有如下更一般的形式：

$$I = \int_{t_0}^{T} w(\boldsymbol{x}(t),\boldsymbol{u}(t))\mathrm{d}t \Rightarrow \min \tag{9.13}$$

引入新的时间变量：

$$\tau(t) = \int_{t_0}^{t} w(\boldsymbol{x},\boldsymbol{u})\mathrm{d}t \tag{9.14}$$

由于$\dfrac{\mathrm{d}x}{\mathrm{d}t} = F(\boldsymbol{x},\boldsymbol{u})$，因此有

$$\frac{\mathrm{d}\tau}{\mathrm{d}t} = w(\boldsymbol{x},\boldsymbol{u}) \tag{9.15}$$

将式（9.15）对时间求导，得到关于时间变量τ的微分方程，消去时间变量t，得到关于时间变量τ的方程：

$$\frac{\mathrm{d}\boldsymbol{x}}{\mathrm{d}\tau} = \frac{F(\boldsymbol{x},\boldsymbol{u})}{w(\boldsymbol{x},\boldsymbol{u})} \tag{9.16}$$

在这种情况下，最优判据变为

$$I = \tau(T) \Rightarrow \min \tag{9.17}$$

借用经典时间最优问题贝尔曼方程的解的形式，可得

$$\min_{\boldsymbol{u}}\left[1 + \frac{\partial v(\boldsymbol{x})}{\partial \boldsymbol{x}}\frac{F(\boldsymbol{x},\boldsymbol{u})}{w(\boldsymbol{x},\boldsymbol{u})}\right] = 0 \tag{9.18}$$

$$\min_{\boldsymbol{u}}\left[w(\boldsymbol{x},\boldsymbol{u})+\frac{\partial v(\boldsymbol{x})}{\partial \boldsymbol{x}}F(\boldsymbol{x},\boldsymbol{u})\right]=0 \tag{9.19}$$

根据式(9.19)所示的最小值条件，确定$\boldsymbol{u}^0(\boldsymbol{x})$的结构形式$\boldsymbol{u}^0\left(\boldsymbol{x},\frac{\partial v}{\partial \boldsymbol{x}}\right)$，将其代入式(9.19)，可得

$$w\left(\boldsymbol{x},\boldsymbol{u}^0\left(\boldsymbol{x},\frac{\partial v}{\partial \boldsymbol{x}}\right)\right)+\frac{\partial v(\boldsymbol{x})}{\partial \boldsymbol{x}}F\left(\boldsymbol{x},\boldsymbol{u}^0\left(\boldsymbol{x},\frac{\partial v}{\partial \boldsymbol{x}}\right)\right)=0 \tag{9.20}$$

由式（9.20）可以确定$v(\boldsymbol{x})$，将$v(\boldsymbol{x})$代入式（9.19)，得到$\boldsymbol{u}^0(\boldsymbol{x})$。

针对线性定常系统：

$$\frac{\mathrm{d}\boldsymbol{y}}{\mathrm{d}t}=\boldsymbol{B}\boldsymbol{y}+\boldsymbol{m}\boldsymbol{u} \tag{9.21}$$

$$\boldsymbol{y}(t_0)\Rightarrow \boldsymbol{y}(T)=0 \tag{9.22}$$

最优判据为

$$I=\int_0^T(\boldsymbol{y}^*\boldsymbol{a}\boldsymbol{y}+c\boldsymbol{u}^2)\mathrm{d}t \tag{9.23}$$

此判据设立的思想是保证空间系绳系统的动力学系统状态偏差量最小，同时使释放过程中的控制量尽可能小。

式（9.23）又可以写为

$$\min_{\boldsymbol{u}}\left[\boldsymbol{y}^*\boldsymbol{a}\boldsymbol{y}+c\boldsymbol{u}^2+\frac{\partial v(\boldsymbol{y})}{\partial \boldsymbol{y}}(\boldsymbol{B}\boldsymbol{y}+\boldsymbol{m}\boldsymbol{u})\right]=0 \tag{9.24}$$

将关于控制向量$\boldsymbol{u}$的项分离出来，可得

$$f(\boldsymbol{u})=c\boldsymbol{u}^2+\frac{\partial v(\boldsymbol{y})}{\partial \boldsymbol{y}}\boldsymbol{m}\boldsymbol{u} \tag{9.25}$$

函数$f(\boldsymbol{u})$取得极小值的充要条件为

$$\begin{cases}\dfrac{\partial f}{\partial \boldsymbol{u}}=2c\boldsymbol{u}+\dfrac{\partial v(\boldsymbol{y})}{\partial \boldsymbol{y}}\boldsymbol{m}=0\\ \dfrac{\partial^2 f}{\partial \boldsymbol{u}^2}=2c>0\end{cases} \tag{9.26}$$

因此，可得

$$\boldsymbol{u}^0\left(\frac{\partial v}{\partial \boldsymbol{y}}\right)=-\frac{1}{2c}\frac{\partial v}{\partial \boldsymbol{y}}\boldsymbol{m} \tag{9.27}$$

式（9.21）的贝尔曼方程为

$$\boldsymbol{y}^*\boldsymbol{a}\boldsymbol{y}+\frac{\partial v}{\partial \boldsymbol{y}}\boldsymbol{B}\boldsymbol{y}-\frac{1}{4c}\left(\frac{\partial v}{\partial \boldsymbol{y}}\boldsymbol{m}\right)^2=0 \tag{9.28}$$

由式（9.28）可以求出函数$v(\boldsymbol{y},t)$，将函数$v(\boldsymbol{y},t)$代入式（9.27)，得到最优控制$\boldsymbol{u}^0(\boldsymbol{y},t)$。

贝尔曼动态规划通过在各个离散路径点处对系统进行线性化求解得到各个路径点的反馈系数。因此，满足贝尔曼动态规划要求的线性化系统方程为

$$\frac{\mathrm{d}\boldsymbol{y}}{\mathrm{d}t}=\boldsymbol{B}(t)\boldsymbol{y}+\boldsymbol{m}(t)\boldsymbol{u} \tag{9.29}$$

式中，$\boldsymbol{y}$为动力学系统状态变量相对于其程序（标称）值的n维偏差向量；$\boldsymbol{B}(t)$、$\boldsymbol{m}(t)$分别为

已知的线性化系统矩阵，取决于所选标称控制程序；$\boldsymbol{u}$ 为控制向量，求解控制问题时该向量使线性系统［见式（9.1）］达到期望的状态 $\boldsymbol{y}=\boldsymbol{0}$。控制器的综合是指确定控制与系统状态向量显式关系式 $\boldsymbol{u}(\boldsymbol{y})$，对于线性系统［见式（9.1）］，控制器的形式为

$$\boldsymbol{u}(\boldsymbol{y})=\boldsymbol{p}^{\mathrm{T}}(t)\,\boldsymbol{y} \tag{9.30}$$

式中，$\boldsymbol{p}^{\mathrm{T}}(t)$ 为最优控制器增益系数行矩阵。

控制器的最优是指保证二次型最优准则最小：

$$\boldsymbol{J}=\int_0^{t_k}(\boldsymbol{y}^{\mathrm{T}}\boldsymbol{a}\boldsymbol{y}+c\boldsymbol{u}^2)\mathrm{d}t \tag{9.31}$$

式中，$c>0$，为加权系数；$\boldsymbol{a}$ 为对称方阵；$\boldsymbol{y}^{\mathrm{T}}\boldsymbol{a}\boldsymbol{y}$ 为正定二次型。加权系数 c 和正定矩阵 $\boldsymbol{a}$ 在求解过程中确定。

9.3 展开过程最优控制器设计

线性系统［见式（9.1）］的最优控制有下列形式：

$$\boldsymbol{u}^0=-\frac{1}{2c}\left(\frac{\partial \boldsymbol{W}}{\partial \boldsymbol{y}}\right)^{\mathrm{T}}\boldsymbol{m} \tag{9.32}$$

式中，$\boldsymbol{W}(\boldsymbol{y})\geqslant 0$，为正定生成函数，符合偏导数贝尔曼方程：

$$\boldsymbol{y}^{\mathrm{T}}\boldsymbol{a}\boldsymbol{y}+\frac{\partial \boldsymbol{W}}{\partial t}+\left(\frac{\partial \boldsymbol{W}}{\partial \boldsymbol{y}}\right)^{\mathrm{T}}\boldsymbol{B}(t)\boldsymbol{y}-\frac{1}{4c}\left[\left(\frac{\partial \boldsymbol{W}}{\partial \boldsymbol{y}}\right)^{\mathrm{T}}\boldsymbol{m}(t)\right]^2=0 \tag{9.33}$$

式（9.33）的解同样具有二次型形式 $\boldsymbol{W}(\boldsymbol{y})=\boldsymbol{y}^{\mathrm{T}}\boldsymbol{A}(t)\boldsymbol{y}$，其中 $\boldsymbol{A}(t)$ 为对称矩阵。将这个解代入式（9.33）并结合 $\dfrac{\partial \boldsymbol{W}}{\partial \boldsymbol{y}}=2\boldsymbol{A}(t)\boldsymbol{y}$ 和 $\dfrac{\partial \boldsymbol{W}}{\partial t}=\boldsymbol{y}^{\mathrm{T}}\dfrac{\mathrm{d}\boldsymbol{A}}{\mathrm{d}t}\boldsymbol{y}$，可得

$$\boldsymbol{y}^{\mathrm{T}}\boldsymbol{a}\boldsymbol{y}+\boldsymbol{y}^{\mathrm{T}}\frac{\mathrm{d}\boldsymbol{A}}{\mathrm{d}t}\boldsymbol{y}+2[\boldsymbol{A}(t)\boldsymbol{y}]^{\mathrm{T}}\boldsymbol{B}(t)\boldsymbol{y}-\frac{1}{c}\{[\boldsymbol{A}(t)\boldsymbol{y}]^{\mathrm{T}}\boldsymbol{m}(t)\}^2=0 \tag{9.34}$$

利用矩阵恒等式：

$$2(\boldsymbol{A}\boldsymbol{y})^{\mathrm{T}}\boldsymbol{B}\boldsymbol{y}\equiv\boldsymbol{y}^{\mathrm{T}}(\boldsymbol{A}\boldsymbol{B}+\boldsymbol{B}^{\mathrm{T}}\boldsymbol{A})\boldsymbol{y},\quad [(\boldsymbol{A}\boldsymbol{y})^{\mathrm{T}}\boldsymbol{m}]^2\equiv\boldsymbol{y}^{\mathrm{T}}(\boldsymbol{A}\boldsymbol{m}\boldsymbol{m}^{\mathrm{T}}\boldsymbol{A})\boldsymbol{y}$$

可将式（9.34）重新写成如下形式：

$$\boldsymbol{y}^{\mathrm{T}}\boldsymbol{a}\boldsymbol{y}+\boldsymbol{y}^{\mathrm{T}}\frac{\mathrm{d}\boldsymbol{A}}{\mathrm{d}t}\boldsymbol{y}+\boldsymbol{y}^{\mathrm{T}}(\boldsymbol{A}\boldsymbol{B}+\boldsymbol{B}^{\mathrm{T}}\boldsymbol{A})\boldsymbol{y}-\frac{1}{c}\boldsymbol{y}^{\mathrm{T}}(\boldsymbol{A}\boldsymbol{m}\boldsymbol{m}^{\mathrm{T}}\boldsymbol{A})\boldsymbol{y}=0 \tag{9.35}$$

根据式（9.35）可得

$$\frac{\mathrm{d}\boldsymbol{A}}{\mathrm{d}t}=-\boldsymbol{a}-\boldsymbol{A}\boldsymbol{B}-\boldsymbol{B}^{\mathrm{T}}\boldsymbol{A}+\frac{1}{c}\boldsymbol{A}\boldsymbol{m}\boldsymbol{m}^{\mathrm{T}}\boldsymbol{A} \tag{9.36}$$

式（9.36）是相对于矩阵分量 $\boldsymbol{A}(t)$ 的常微分方程。为了求解式（9.36），必须给定边界条件。设置 $\boldsymbol{A}(t_k)=\boldsymbol{0}$，对方程进行从 t_k 到 0 的反向区间 $[0,t_k]$ 积分。确定函数 $\boldsymbol{A}(t)$ 后，最优控制根据式（9.32）得到如下形式：

$$\boldsymbol{u}^0=-\frac{1}{c}[\boldsymbol{A}(t)\boldsymbol{y}]^{\mathrm{T}}\boldsymbol{m}=-\frac{1}{c}\boldsymbol{m}^{\mathrm{T}}[\boldsymbol{A}(t)\boldsymbol{y}]=\boldsymbol{p}^{\mathrm{T}}\boldsymbol{y} \tag{9.37}$$

式中，$\boldsymbol{p}^{\mathrm{T}}(t)=\dfrac{1}{c}\boldsymbol{m}^{\mathrm{T}}\boldsymbol{A}(t)=(p_1,p_2,p_3,p_4)$ 为最优控制器系数，对应于误差 $\Delta\theta,\Delta\omega,\Delta L,\Delta V$。

根据式（9.36）确定的矩阵 $\boldsymbol{A}(t)$ 应该是正定的，这是将式（9.37）代入式（9.29）后系统

的渐近稳定性条件（状态变量接近零）。当且仅当矩阵的所有顺序主子式都大于零时矩阵 $\boldsymbol{A}(t)$ 是正定的。

$$\begin{vmatrix} A_{11} & \dots & A_{1i} \\ \vdots & & \vdots \\ A_{i1} & \dots & A_{ii} \end{vmatrix} > 0, \quad i = 1, 2, \cdots, n \tag{9.38}$$

根据地心轨道运动坐标系上的运动微分方程［见式（9.7）］的非线性系统获得空间系绳系统运动的线性化方程。若将这个系统表示成四个二阶方程，则有

$$\frac{\mathrm{d}\boldsymbol{x}}{\mathrm{d}t} = \boldsymbol{f}(\boldsymbol{x}, \boldsymbol{U}) \tag{9.39}$$

式中，$\boldsymbol{x} = (\theta, \omega, L, V)^{\mathrm{T}}$ 为系统状态变量向量；$\boldsymbol{U} = -\dfrac{\boldsymbol{T}}{m}$ 为控制量；函数向量 $\boldsymbol{f}(\boldsymbol{x}, \boldsymbol{U})$ 为

$$\boldsymbol{f}(\boldsymbol{x}, \boldsymbol{U}) = \begin{pmatrix} f_1 \\ f_2 \\ f_3 \\ f_4 \end{pmatrix} = \begin{pmatrix} \omega \\ -2\dfrac{V}{L}(\omega + \Omega) - \dfrac{3}{2}\Omega^2 \sin 2\theta \\ V \\ L[(\omega + \Omega)^2 - \Omega^2(1 - 3\cos^2\theta)] - \dfrac{T}{m} \end{pmatrix} \tag{9.40}$$

如果控制符合标称控制律［见式（3.29）］，那么对式（9.11）积分后可得到系统在状态空间中的标称轨迹 $x_{(\mathrm{n})}(t)$。将式（9.11）等号右侧按照轨迹 $\boldsymbol{x} = \boldsymbol{x}_{(\mathrm{n})} + \boldsymbol{y}$ 与标称轨迹的偏差 $\boldsymbol{y} = (\Delta\theta, \Delta\omega, \Delta L, \Delta V)^{\mathrm{T}}$ 进行泰勒级数展开，并且仅保留级数的线性部分，从而实现式（9.11）的线性化。将线性化系统表示成式（9.1）所示的形式，则有

$$\boldsymbol{B}(t) = \begin{pmatrix} 0 & 1 & 0 & 0 \\ B_{21} & B_{22} & B_{23} & B_{24} \\ 0 & 0 & 0 & 1 \\ B_{41} & B_{42} & B_{43} & 0 \end{pmatrix}, \quad \boldsymbol{m} = (0 \quad 0 \quad 0 \quad 1)^{\mathrm{T}} \tag{9.41}$$

式中，矩阵 $\boldsymbol{B}(t)$ 是式（9.12）的偏导数矩阵，因此有

$$\begin{gathered} B_{21} = -3\Omega^2 \cos 2\theta, \; B_{22} = -2V/L, \; B_{23} = 2(\omega + \Omega)V/L^2, \; B_{24} = -2(\omega + \Omega)/L \\ B_{41} = -3L\Omega^2 \sin 2\theta, \; B_{42} = 2L(\omega + \Omega), \; B_{43} = (\omega + \Omega)^2 - \Omega^2(1 - 2\cos^2\theta), \; B_{44} = 0 \end{gathered} \tag{9.42}$$

此时控制量为

$$u = p_1\Delta\theta + p_2\Delta\omega + p_3\Delta L + p_4\Delta V \tag{9.43}$$

控制器的反馈系数由式（9.31）中的 $\boldsymbol{a}$ 和 c 决定，其中 $\boldsymbol{a}$ 为对角矩阵，其非主对角元素皆为 0，主对角元素 a_{ii}（$i = 1, 2, 3, 4$）分别对应 θ、ω、L、V 的控制效果，其值越大，控制权重越大，对误差的消除能力越强；c 决定了控制收敛速度的快慢。

9.4 仿真示例

最优控制器的计算程序 Work9.xmcd 由如下几部分组成。

（1）计算标称展开轨迹，对式（9.11）进行前向积分和反向积分，以检查反向积分的正确性和计算误差。

（2）最优控制器的综合（确定增益系数 p_1, p_2, p_3, p_4）通过联合式（9.8）和式（9.11）并进行反向积分（将两个方程放在一起进行反向积分）来实现。

（3）检验控制器的工作是，在地心惯性坐标系中对空间系绳系统进行展开仿真（采用第 7 章中的数学模型）。

反向积分通过改变式（9.8）和式（9.11）等号右侧的符号来实现。

由于在空间系绳系统展开时能够测量的只有从控制机构释放出来的系绳长度和速度，因此在地心惯性坐标系中运动仿真采用简化的控制器：

$$u = p_3 \Delta L + p_4 \Delta V \tag{9.44}$$

为了保持反馈系数和前面的系数标尺一致，所得系数必须乘以载荷质量，即 $K_L = -m p_3$，$K_V = -m p_4$。

控制器的综合过程就是通过式（9.3）来计算反馈系数的过程。式（9.3）的精度由 $\boldsymbol{a}$ 和 c 确定。$\boldsymbol{a}$ 通常为对角矩阵，用以确定控制误差的水平，矩阵分量 a_{11}、a_{22}、a_{33}、a_{44} 分别描述变量 θ、ω、L、V 的误差量级。由于对变量 θ 和 ω 不进行控制，因此令 $a_{11} = a_{22} = 0$。加权系数 c 描述系统中控制量 u 的量级，确定控制“消耗”的水平，即在展开时，加权系数 c 的函数 $\Delta u^0(\tau)$ 的模量应减小。因此，在选择这些参数时，必须在误差水平和控制水平之间做出特别的妥协。设定对角矩阵 $\boldsymbol{a}$ 为单位矩阵，并通过加权系数 c 来改变控制水平。其他加权系数在利用程序 Work9.xmcd 求解时根据控制系统过渡过程性能进行交互选取。这里需要注意的是，如果加权系数 a_{44} 增大，那么速度的控制误差应该减小。当控制系统在地心惯性坐标系中进行仿真时，加权系数的选取应满足约束条件 $F_c > 0$、$T > 0$、$V_L > 0$，并且应令 $p_1 = p_2 = 0$。

计算控制器和进行仿真时的所有原始数据与第 7 章中用到的数据完全一致。空间系绳系统展开的系绳长度 $L_k = 3\text{km}$，控制器的计算仅考虑速度的初始扰动 $\Delta V_r = 0.1 V_r$，其中 V_r 为标称分离速度。

在求解过程中发现，系数 $p_3(t)$、$p_4(t)$ 的曲线在较宽的加权系数变化范围内具有一个独特的现象，即这些系数快速地接近某个与加权系数相关的稳定值。图 9.3 和图 9.4 给出了加权系数 $a_{33} = 0.01$、$a_{44} = 10$、$c = 100$ 时 $p_3(t)$ 与 $p_4(t)$ 的曲线。因此，在地心惯性坐标系数学模型中采用这些系数的稳定值 $p_3(t) \approx -0.01$，$p_4(t) \approx -0.346$，相应地，$K_L \approx 0.2$，$K_V \approx 6.928$（$m = 20\text{kg}$）。这里加权系数根据约束条件 $F_c > 0$、$T > 0$、$V_L > 0$ 进行选取。

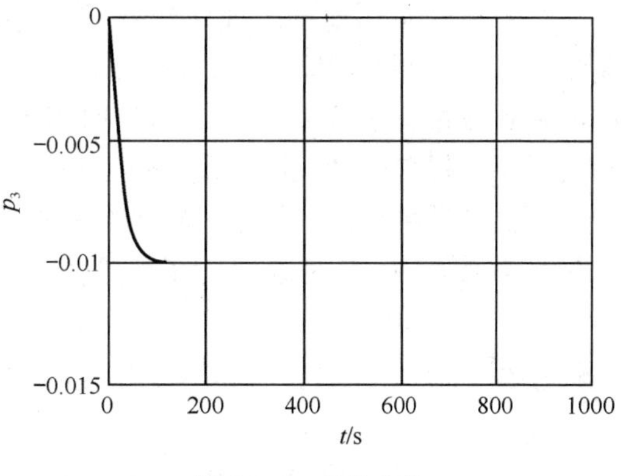

图 9.3　$p_3(t)$的曲线

本节示例的过渡过程对应的系绳长度、系绳速度、系绳控制力的误差变化曲线分别如图 9.5、图 9.6、图 9.7 所示。载荷到达展开终点的误差为 $\Delta x_n \approx 9.9\text{m}$，$\Delta y_n \approx 5.2\text{m}$，系绳长度误差及系绳速度误差都得到了有效控制。

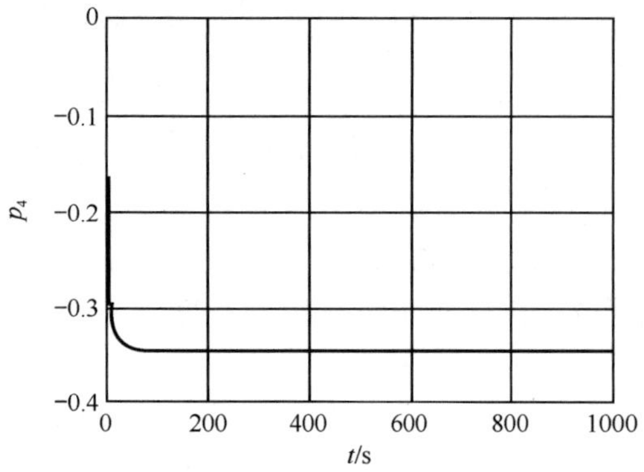

图 9.4　$p_4(t)$关系曲线

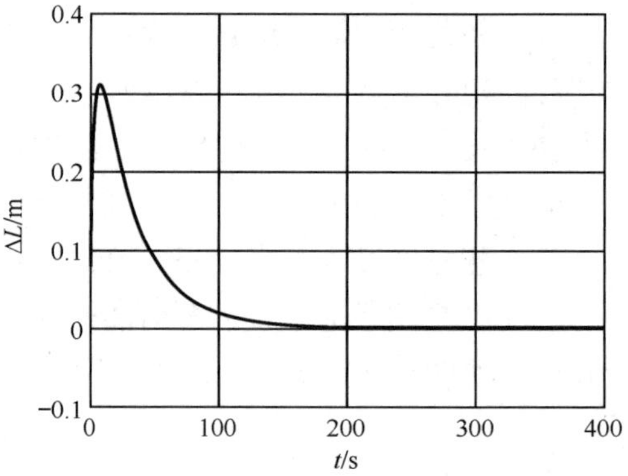

图 9.5　系绳长度的误差变化曲线

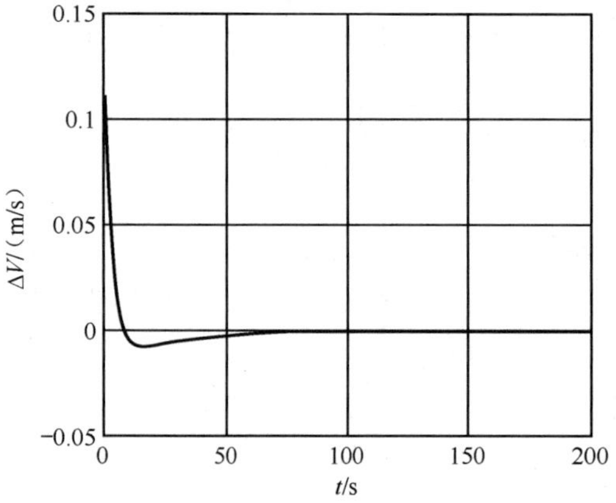

图 9.6　系绳速度的误差变化曲线

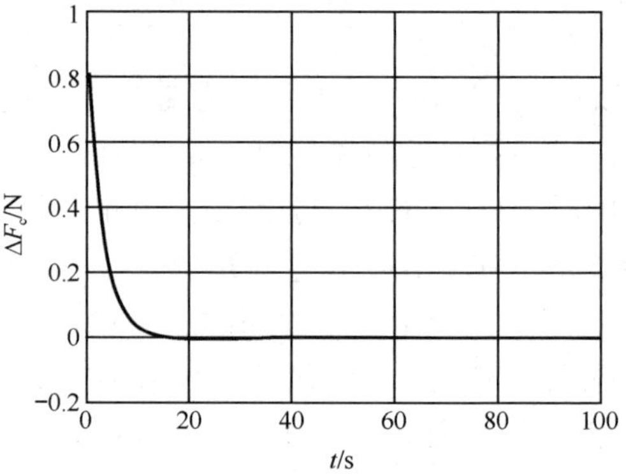

图 9.7　系绳控制力的误差变化曲线

9.5　小结

本章基于贝尔曼动态规划分析了空间系绳系统展开的最优轨迹，并且为研究更一般的控制情形引入了新的时间变量，推导出了能够保证空间系绳系统的动力学系统状态偏差量最小，同时使释放过程中的控制量尽可能小的最优判据。本章还描述了最优控制器综合时采用相对于动力学系统标称运动轨迹的线性数学模型，并根据最优准则研究了空间系绳系统展开控制的线性控制器的计算方法。此外，本章还计算了标称展开轨迹，设计了最优控制器，并在地心惯性坐标系中对空间系绳系统进行了展开仿真。

练习题

1. 本题使用程序 Work9.xmcd 来求解，所用原始数据为第 8 章中的原始数据。

空间系绳系统展开的系绳长度 $L_k = 3\text{km}$。请完成如下任务，并撰写报告。

（1）设置原始数据：系绳参数、控制律参数、轨道高度、分离速度、基站航天器质量、描述控制机构惯性的质量等参数，与第 8 章练习题 1 中的参数相同。

（2）给定加权系数的初值 $a_{11}=0$，$a_{22}=0$，$a_{33}=1$，$a_{44}=1$，$c=1$，并根据系数误差 $\Delta p_{33}<0.001$ 和 $\Delta p_{44}<0.001$ 选取自动采样步长的恒量 D。

① 研究仅考虑速度初始扰动 $\Delta V_{\mathrm{r}} = 0.1V_{\mathrm{r}}$ 的展开，其中 V_{r} 为标称分离速度，选取加权系数并计算反馈系数，保证系绳无松弛地展开（系绳张力 $T > 0$），满足约束条件 $F_{\mathrm{c}} > 0$ 和 $V > 0$ 。

② 估算控制系统中系绳长度 $\Delta L(t)$ 、系绳速度 $\Delta V(t)$ 和系绳控制力 $\Delta F_{\mathrm{c}}(t)$ 的过渡过程持续时间。

③ 定性评价控制系统的过渡过程特征（过渡过程是振荡的还是非周期性收敛的，误差是趋于零还是存在静态误差等）。

④ 写出载荷在展开终点处的误差，即 $\Delta x_{\mathrm{n}}(t_k)$ 和 $\Delta y_{\mathrm{n}}(t_k)$ 。

⑤ 引入式（8.14）所示的速度约束和控制力约束，定性评价控制系统的过渡过程变化。

⑥ 考虑其他扰动情况进行计算：初始速度扰动 $\Delta V_{\mathrm{r}} = -0.1V_{\mathrm{r}}$ ；初始分离方向扰动 $\Delta\theta_V = \pm 20^\circ$ 。评价过渡过程的变化和载荷在展开终点处的误差。

2. 如何形成空间系绳系统展开的最优控制器计算问题？
3. 优化准则是什么？
4. 求解最优控制器计算问题时的控制目的是什么？
5. 什么是线性化系统？如何得到线性化系统？
6. 控制器的结构是什么样的？
7. 优化准则中的加权系数具有什么含义？
8. 矩阵 $\boldsymbol{A}$ 应该满足什么条件？
9. 如何确定反馈系数的稳定值？
10. 在地心惯性坐标系中仿真时控制器应如何简化？
11. 在选取加权系数和计算反馈系数时应该满足什么约束条件？
12. 在扰动 $\Delta V_{\mathrm{r}} = \pm 0.1V_{\mathrm{r}}$ 下过渡过程有什么变化？
13. 在扰动 $\Delta\theta_V = \pm 20^\circ$ 下过渡过程有什么变化？载荷的运动轨迹如何变化？

第 10 章　空间系绳系统展开控制系统最优动态滤波器计算的经典方法

10.1　引言

本章研究能够应用于空间系绳系统展开控制系统的线性动态滤波器参数计算方法。线性动态滤波器采用卡尔曼滤波器。线性动态滤波器是简化的空间系绳系统运动数学模型。在控制机构输出端，传感器测得的系绳长度和速度信号中含有随机误差，本章采用滤波器对测量信号进行平滑处理。平滑信号从滤波器输出到控制器，控制器产生控制信号并将控制信号传给控制机构。滤波器构成额外的反馈控制回路。计算滤波器参数就是确定滤波器的最优反馈参数。含有滤波器的控制系统原理结构图如图 10.1 所示。

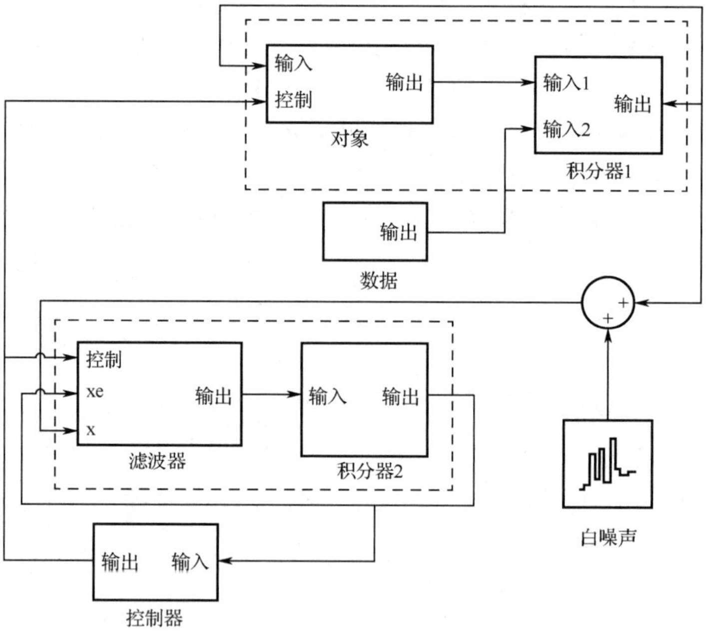

x—原始信号；xe—滤波信号。

图 10.1　含有滤波器的控制系统原理结构图

10.2　卡尔曼滤波方法

卡尔曼滤波器（Kalman Filtering）是一种高效率的递归滤波器（自回归滤波器），它能够从一系列不完全及包含噪声的测量信号中估计动态系统的状态。卡尔曼滤波器会根据各测量信号在不同时间的值，考虑各时间下的联合分布，产生对未知变量的估计，比只以单一测量信号为基础的估计方式准确。卡尔曼滤波器以其主要贡献者之一鲁道夫·卡尔曼的名字命名。

卡尔曼滤波器建立在线性代数和隐马尔可夫模型（Hidden Markov Model）的基础上。其基本动态系统可以用一个马尔可夫链表示，该马尔可夫链建立在一个被高斯白噪声（呈正态分布的噪声）干扰的线性算子上。系统的状态可以用一个元素为实数的向量表示。随着离散时间的逐步增加，该线性算子会作用在当前状态上，产生一个新的状态，并带入一些噪声，同时会加入一些系统已知的控制器控制信息。同时，另一个受噪声干扰的线性算子产生这些隐含状态的可见输出。

为了从一系列有噪声的观察数据中用卡尔曼滤波器估计出被观察过程的内部状态，必须在卡尔曼滤波器的框架下建立这个过程的模型。也就是说，对于每一步 k，定义矩阵 $\boldsymbol{F}_k$、$\boldsymbol{H}_k$、$\boldsymbol{Q}_k$、$\boldsymbol{R}_k$、$\boldsymbol{B}_k$。

X 系统的状态空间模型如下：

$$\begin{cases} \boldsymbol{x}_k = \boldsymbol{\Phi}_{k|k-1}\boldsymbol{x}_{k-1} + \boldsymbol{\Gamma}_{k|k-1}\boldsymbol{w}_{k-1} \\ \boldsymbol{z}_k = \boldsymbol{H}_k\boldsymbol{x}_k + \boldsymbol{V}_k \end{cases} \tag{10.1}$$

式中，$\boldsymbol{x}_k$ 为状态向量；z_k 为量测向量；$\boldsymbol{\Phi}_{k|k-1}$、$\boldsymbol{\Gamma}_{k|k-1}$、$\boldsymbol{H}_k$ 为已知的系统结构参数，分别称为状态转移矩阵、噪声分配矩阵、量测矩阵；$\boldsymbol{w}_{k-1}$ 为系统噪声向量，$\boldsymbol{V}_k$ 为量测噪声向量，两者均为均值为零的高斯白噪声向量序列，且互不相关。

10.2.1　算法逻辑

卡尔曼滤波是一种递归的估计，即只要获知上一状态的估计值及当前状态的观测值就可以算出当前状态的估计值，因此不需要记录观测或估计的历史信息。卡尔曼滤波器与大多数滤波器的不同之处在于，它是一种纯粹的时域滤波器，不像低通滤波器等频域滤波器那样需要在频域中进行设计后再转换到时域中实现。

卡尔曼滤波器主要分为预测和更新两部分，需要构建系统的状态方程和观测方程，且系统的初始状态已知。在预测阶段，卡尔曼滤波器使用上一状态的估计值估计当前状态。在更新阶段，卡尔曼滤波器利用当前状态的观测值优化在预测阶段获得的预测值，以获得一个更精确的新估计。

卡尔曼滤波器的状态由以下变量表示：$\hat{\boldsymbol{X}}_{k|k} = E(\boldsymbol{X}_k \mid \boldsymbol{Y}_1, \boldsymbol{Y}_2, \cdots, \boldsymbol{Y}_k)$ 表示 k 时刻的状态估计；$\hat{\boldsymbol{X}}_{k|k-1} = E(\boldsymbol{X}_{k-1} \mid \boldsymbol{Y}_1, \boldsymbol{Y}_2, \cdots, \boldsymbol{Y}_{k-1})$ 表示过去 $k-1$ 个时刻的状态估计；$\hat{\boldsymbol{P}}_{k|k}$ 表示后验估计误差协方差矩阵。

卡尔曼滤波器的工作流程如图 10.2 所示。

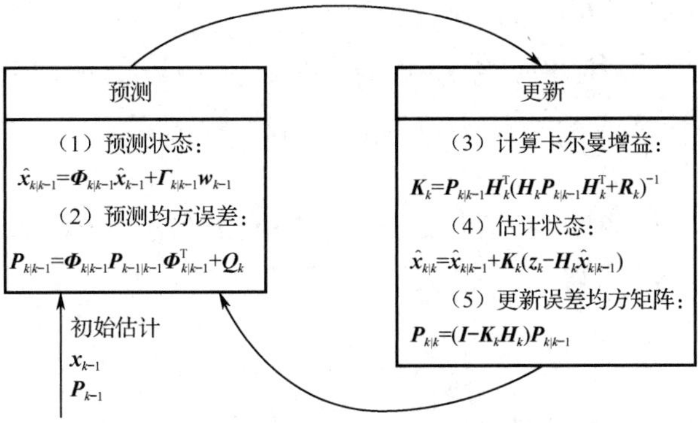

图 10.2　卡尔曼滤波器的工作流程

1. 预测 $\hat{X}_{k-1|k-1} \Rightarrow \hat{X}_{k|k-1}$

在预测步骤中，根据上一时刻的状态和控制量，预测当前时刻的状态。这个预测值是一个估计值，因为它没有考虑当前时刻的观测值。预测值的误差协方差矩阵是通过上一时刻的误差协方差矩阵和系统噪声协方差矩阵计算得到的：

$$\begin{cases} \hat{\boldsymbol{x}}_{k|k-1} = \boldsymbol{\Phi}_{k|k-1}\hat{\boldsymbol{x}}_{k-1} + \boldsymbol{\Gamma}_{k|k-1}\boldsymbol{w}_{k-1} \\ \boldsymbol{P}_{k|k-1} = \boldsymbol{\Phi}_{k|k-1}\boldsymbol{P}_{k-1|k-1}\boldsymbol{\Phi}_{k|k-1}^{\mathrm{T}} + \boldsymbol{Q}_k \end{cases} \tag{10.2}$$

2. 更新 $\hat{X}_{n|n-1} \Rightarrow \hat{X}_{n|n}$

在更新步骤中，根据当前时刻的观测值和预测值，算出当前时刻的状态估计值。这个估计值是一个更加准确的估计值，因为它考虑了当前时刻的观测值。状态估计值的误差协方差矩阵是通过预测步骤中算得的误差协方差矩阵、系统噪声协方差矩阵和卡尔曼增益算得的：

$$\begin{cases} \boldsymbol{K}_k = \boldsymbol{P}_{k|k-1}\boldsymbol{H}_k^{\mathrm{T}}(\boldsymbol{H}_k\boldsymbol{P}_{k|k-1}\boldsymbol{H}_k^{\mathrm{T}} + \boldsymbol{R}_k)^{-1} \\ \hat{\boldsymbol{x}}_{k|k} = \hat{\boldsymbol{x}}_{k|k-1} + \boldsymbol{K}_k(\boldsymbol{z}_k - \boldsymbol{H}_k\hat{\boldsymbol{x}}_{k|k-1}) \\ \boldsymbol{P}_{k|k} = (\boldsymbol{I} - \boldsymbol{K}_k\boldsymbol{H}_k)\boldsymbol{P}_{k|k-1} \end{cases} \tag{10.3}$$

式（10.2）和式（10.3）为卡尔曼滤波器的核心公式。更新步骤有更简洁、更便于理解的形式，即先计算以下三个量：

$$\begin{cases} \hat{\boldsymbol{y}}_k = \boldsymbol{z}_k - \boldsymbol{H}_k\hat{\boldsymbol{x}}_{k|k-1} \\ \boldsymbol{S}_k = \boldsymbol{H}_k\boldsymbol{P}_{k|k}\boldsymbol{H}_k^{\mathrm{T}} + \boldsymbol{R}_k \\ \boldsymbol{K}_k = \boldsymbol{P}_{k|k-1}\boldsymbol{H}_k^{\mathrm{T}}\boldsymbol{S}_k^{-1} \end{cases} \tag{10.4}$$

再更新卡尔曼滤波器变量：

$$\begin{cases} \hat{\boldsymbol{x}}_{k|k} = \hat{\boldsymbol{x}}_{k|k-1} + \boldsymbol{K}_k\hat{\boldsymbol{y}}_k \\ \boldsymbol{P}_{k|k} = (\boldsymbol{I} - \boldsymbol{K}_k\boldsymbol{H}_k)\boldsymbol{P}_{k|k-1} \end{cases} \tag{10.5}$$

10.2.2 卡尔曼滤波的初值选取

启动卡尔曼滤波器，必须预设初值 $\hat{\boldsymbol{x}}_0$ 和 $\boldsymbol{P}_0$，理论上若取卡尔曼滤波的初值为

$$\hat{\boldsymbol{x}}_0 = E[\boldsymbol{x}_0] \tag{10.6}$$

则滤波结果都是无偏的，即有 $\hat{\boldsymbol{x}}_i = E[\boldsymbol{x}_i]$，简要说明如下。

将状态空间模型［见式（10.1）］代入式（10.7）：

$$\begin{aligned} \hat{\boldsymbol{x}}_k &= (\boldsymbol{I} - \boldsymbol{K}_k\boldsymbol{H}_k)\hat{\boldsymbol{x}}_{k|k-1} + \boldsymbol{K}_k\boldsymbol{Z}_k \\ &= (\boldsymbol{I} - \boldsymbol{K}_k\boldsymbol{H}_k)\boldsymbol{\Phi}_{k|k-1}\hat{\boldsymbol{x}}_{k-1} + \boldsymbol{K}_k[\boldsymbol{H}_k(\boldsymbol{\Phi}_{k|k-1}\boldsymbol{x}_{k-1} + \boldsymbol{\Gamma}_{k|k-1}\boldsymbol{w}_{k-1}) + \boldsymbol{V}_k] \\ &= \boldsymbol{\Phi}_{k|k-1}\hat{\boldsymbol{x}}_{k-1} + \boldsymbol{K}_k\boldsymbol{H}_k\boldsymbol{\Phi}_{k|k-1}(\boldsymbol{x}_{k-1} - \hat{\boldsymbol{x}}_{k-1}) + \boldsymbol{K}_k(\boldsymbol{H}_k\boldsymbol{\Gamma}_{k|k-1}\boldsymbol{w}_{k-1} + \boldsymbol{V}_k) \end{aligned} \tag{10.7}$$

并求均值，可得

$$E[\hat{\boldsymbol{x}}_k] = \boldsymbol{\Phi}_{k|k-1}E[\hat{\boldsymbol{x}}_{k-1}] + \boldsymbol{K}_k\boldsymbol{H}_k\boldsymbol{\Phi}_{k|k-1}(E[\boldsymbol{x}_{k-1}] - E[\hat{\boldsymbol{x}}_{k-1}]) \tag{10.8}$$

对式（10.1）求均值，可得

$$E[\boldsymbol{x}_k] = \boldsymbol{\Phi}_{k|k-1}E[\boldsymbol{x}_{k-1}] \tag{10.9}$$

只要 $E[\hat{\boldsymbol{x}}_{k-1}] = E[\boldsymbol{x}_{k-1}]$，就有 $E[\hat{\boldsymbol{x}}_k] = E[\boldsymbol{x}_k]$，只要 $\hat{\boldsymbol{x}}_0$ 是无偏的，$\hat{\boldsymbol{x}}_i$ 就是无偏的。但在实际

应用中，某次滤波过程只是随机过程总体的一个样本，况且卡尔曼滤波初值的真值往往是未知的，因此一般将卡尔曼滤波的初值设置为真值附近的某个值，有时甚至直接将其设置为零向量。因此，在实践中，卡尔曼滤波器的估计结果总是有偏的，但是只要滤波系统是渐近稳定的，随着滤波步数的增加，初值的影响就会逐渐消失。

至于卡尔曼滤波器初始均方误差矩阵的设置，如果取

$$\boldsymbol{P}_0 = \mathrm{Var}[\boldsymbol{x}_0] \tag{10.10}$$

则在理论上 $\boldsymbol{P}_i$ 将准确描述状态估计 $\hat{\boldsymbol{x}}_i$ 的均方误差。实际上，与 $E[\boldsymbol{x}_0]$ 一样，$\mathrm{Var}[\boldsymbol{x}_0]$ 不可能准确已知，一般将初始均方误差矩阵 $\boldsymbol{P}_0$ 设置为对角矩阵，各对角线元素的平方根粗略地反映了相应状态分量初值的不确定度。

在实践中，对于可观测性较强的状态分量，对应的状态初值和均方误差矩阵设置偏差允许适当大一些，它们随着滤波更新将快速收敛。若均方误差矩阵设置得太小，则会使收敛速度变慢。对于可观测性较弱的状态分量，对应的状态初值和均方误差矩阵应尽量设置准确，若均方误差矩阵设置得过大，则容易引起状态估计的剧烈波动；若均方误差矩阵设置得过小，则会使收敛速度过慢。在这两种情况下，均方误差矩阵都不宜用于评估相应状态估计的精度。对于不可观测的状态分量，其状态估计及均方误差矩阵不会随滤波更新而变化，因此不会有滤波效果。

10.3　空间系绳系统展开过程滤波器设计

10.3.1　滤波器设计

在运用动态滤波器计算的经典方法时采用控制对象的线性化数学模型。带有动态滤波器的控制系统方程组形式如下：

$$\begin{cases} \dfrac{\mathrm{d}\boldsymbol{y}}{\mathrm{d}t} = \boldsymbol{B}(t)\boldsymbol{y} + \boldsymbol{m}(t)\boldsymbol{u} & (10.11) \\ \boldsymbol{u}(t) = \boldsymbol{p}^{\mathrm{T}}\tilde{\boldsymbol{z}} & (10.12) \\ \boldsymbol{z} = \boldsymbol{y} + \boldsymbol{w}(t) & (10.13) \\ \dfrac{\mathrm{d}\tilde{\boldsymbol{z}}}{\mathrm{d}t} = \boldsymbol{B}(t)\tilde{\boldsymbol{x}} + \boldsymbol{m}(t)\boldsymbol{u} + \boldsymbol{H}(t)(\boldsymbol{z} - \tilde{\boldsymbol{z}}) & (10.14) \\ \tilde{\boldsymbol{z}} = \tilde{\boldsymbol{x}} & (10.15) \end{cases}$$

式中，$\boldsymbol{B}(t)$ 、$\boldsymbol{m}(t)$ 由空间系绳系统标称展开程序确定；$\boldsymbol{H}(t)$ 为滤波器反馈系数矩阵；$\boldsymbol{y}$ 为控制对象的状态向量；$\tilde{\boldsymbol{x}}$ 为滤波器的状态向量；$\boldsymbol{z}$ 为所测量参数的状态向量；$\boldsymbol{u}$ 为控制函数，是标称值的偏差。

在线性滤波器计算的经典方法中，假设测量误差 $\boldsymbol{w}(t)$ 是高斯白噪声，其数字特征参数为

$$M[\boldsymbol{w}(t)] = 0,\ M[\boldsymbol{w}(t)\boldsymbol{w}^{\mathrm{T}}(t)] = \boldsymbol{Q}(t)\delta(t-\tau) \tag{10.16}$$

式中，$\boldsymbol{Q}(t)$ 为高斯白噪声；$\boldsymbol{w}(t)$ 为正定对称矩阵；$\delta(t-\tau)$ 为 δ - 函数；$M(\cdot)$ 为数学期望标记。

高斯白噪声是所有频率强度都一样的不相关随机过程（谱密度恒定）。这个过程的任意两个截面都是按正态规律分布的互不相关的随机量。

在本章中，我们认为长度和速度的测量互不相关，$\boldsymbol{Q}(t)$ 为对角矩阵，其形式为

$$Q(t)=\begin{pmatrix}\varepsilon & 0 & 0 & 0\\ 0 & \varepsilon & 0 & 0\\ 0 & 0 & \sigma_L^2(t) & 0\\ 0 & 0 & 0 & \sigma_V^2(t)\end{pmatrix} \tag{10.17}$$

式中，$\sigma_L^2(t)$、$\sigma_V^2(t)$ 分别为长度和速度的测量方差；ε 是为了使矩阵 $\boldsymbol{Q}(t)$ 不退化而引入的某个小数。

计算最优滤波器的二次型最优准则形式为

$$\boldsymbol{J}_\mathrm{f}(t)=M\{[\boldsymbol{y}(t)-\tilde{\boldsymbol{x}}(t)]^\mathrm{T}[\boldsymbol{y}(t)-\tilde{\boldsymbol{x}}(t)]\} \tag{10.18}$$

式（10.18）是噪声信号与滤波信号平方差之和的数学期望。本章主要研究基于极小化最优准则［见式（10.18）］的线性滤波器［见式（10.14）］反馈系数的计算方法。

反馈系数矩阵为

$$\boldsymbol{H}(t)=\boldsymbol{P}(t)\boldsymbol{Q}^{-1}(t) \tag{10.19}$$

式中，矩阵函数 $\boldsymbol{P}(t)$ 满足：

$$\frac{\mathrm{d}\boldsymbol{P}}{\mathrm{d}t}=\boldsymbol{BP}+\boldsymbol{PB}^\mathrm{T}-\boldsymbol{PQ}^{-1}\boldsymbol{P} \tag{10.20}$$

式中，$\boldsymbol{P}(t_0)$ 为状态向量 $\boldsymbol{y}$ 的已知初始协方差矩阵，本章取 $\boldsymbol{P}(t_0)=\boldsymbol{Q}(t_0)$。

计算线性滤波器的程序 Work10.xmcd 由以下几部分组成。

（1）通过对式（9.11）积分计算标称展开轨迹，检验原始数据的准确性。

（2）对式（9.11）、式（10.11）、式（10.14）、式（10.20）进行联合变步长积分，检验不存在测量误差时控制系统中滤波器的工作性能。

（3）对式（9.11）、式（10.11）、式（10.14）、式（10.2）进行联合定步长积分，检验存在测量误差时控制系统中滤波器的工作性能。

在最后一种情况下，积分步长应该等于控制系统中测量的离散度（采样周期），使仿真过程接近空间系绳系统展开的实际控制过程。系统的仿真和线性化在运动坐标系下实现，标称运动通过对应用控制律式（3.5）的系统式（2.43）进行积分获得。线性化系统的偏导数矩阵 $\boldsymbol{B}(t)$ 和向量 $\boldsymbol{m}(t)$ 形式如式（9.13）所示。

10.3.2 仿真示例

滤波器的综合是指基于极小化最优准则［见式（10.18）］计算其反馈系数矩阵。计算控制器和用于仿真的原始数据与 8.3.2 节中的原始数据一致。空间系绳系统的系绳长度 $L_k=3\mathrm{km}$。额外的原始数据是从控制机构中释放出的系绳长度和速度测量值的标准（均方）差。在本节示例中，系绳长度标准差 $\sigma_V=0.04\mathrm{m}$；速度标准差是系绳展开速度的固定小数倍数，$\sigma_V=0.016V$；分离速度 $V_\mathrm{r}=2.5\mathrm{m/s}$，因此在初始时刻 $\sigma_V(t_0)=0.04\mathrm{m/s}$。

在进行仿真时，设置初始扰动 $\Delta\theta(t_0)=10°$，$\Delta V(t_0)=0.1\mathrm{m/s}$，积分步长为恒定步长①，$h=0.1\mathrm{s}$，滤波器的初始条件为零。图 10.3～图 10.5 所示为仿真滤波结果，给出了描述滤波器的变量 $\Delta L(t)$、$\Delta\tilde{L}(T)$、$\Delta V(t)$、$\Delta\tilde{V}(T)$、$\Delta\theta(t)$ 的变化过程。

① 这里的积分步长有两层含义：一层是积分步长；另一层是测量系绳长度与速度的采样周期。测量结果随着与积分步长相等的采样周期更新，当前的积分步长取恒定值。

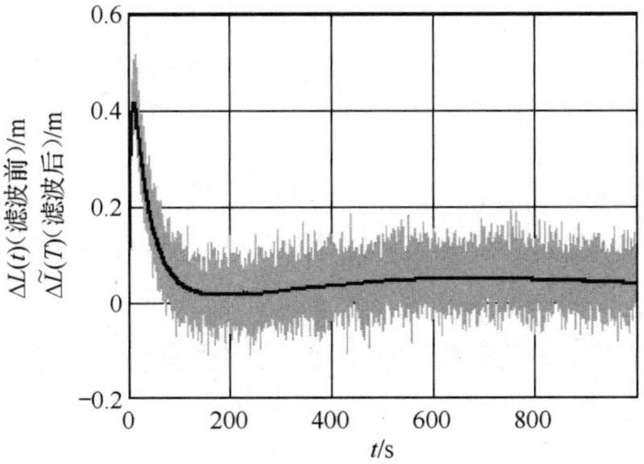

图 10.3　系绳长度扰动测量值与滤波值

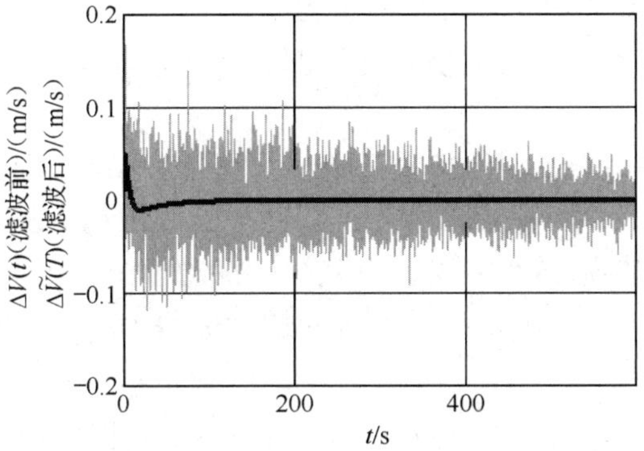

图 10.4　系统展开速度扰动测量值与滤波值

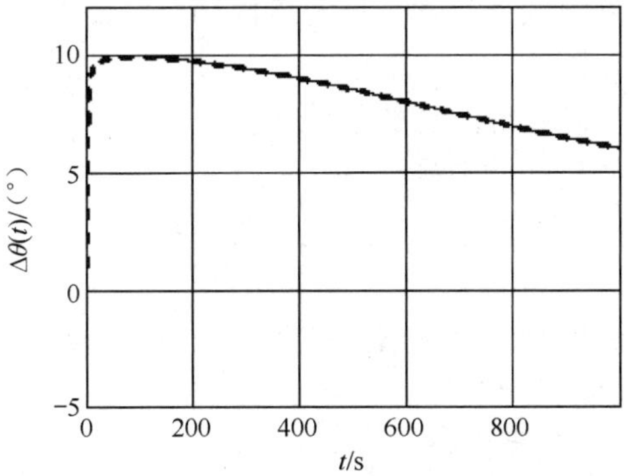

图 10.5　偏离角测量值与滤波值

10.4　小结

本章研究了能够应用于空间系绳系统展开控制系统的线性动态滤波器参数计算方法，采用滤波器对测量信号进行了平滑处理，并计算了滤波器参数，以确定滤波器的最优反馈参数值。首先，对系统积分计算标称展开轨迹，检验了原始数据的准确性；其次，进行联合变步长积分，检验了不存在测量误差时控制系统中滤波器的工作性能；最后，进行联合定步长积分，检验了存在测量误差时控制系统中滤波器的工作性能。

练习题

1. 利用程序 Work10.xmcd 完成习题，用到的原始数据与第 9 章练习题 1 中的原始数据一致。空间系绳系统展开的系绳长度 $L_k = 3\text{km}$，用到的控制律为式（3.5），其参数为第 3 章中选定的参数。完成如下任务。

（1）根据第 9 章中的数据设置原始数据：控制律参数、轨道高度、分离速度、子星质量。

（2）计算标称关系观察程序的工作结果（程序第一部分），这些结果应该与第 9 章练习题 1 中得到的结果一致。

（3）设置系绳长度和速度的初始标准差 $\sigma_L = 0.04\text{m}$，$\sigma_V = 0.016\text{V}$，在零初始扰动下采用变步长积分方法计算线性化系统和滤波器的方程组。

（4）确认线性化系统和滤波器的稳定性，即在空间系绳系统的整个展开过程仿真中变量的偏差应该趋于零。

（5）设置积分步长 $h = 0.1\text{s}$，对系统进行定步长积分，确认线性化系统和滤波器的稳定性。

（6）逐渐增加积分步长（测量采样周期），寻找导致线性化系统和滤波器失稳的临界步长。

（7）将积分步长的临界值减小一半，研究初始扰动对线性化系统和滤波器过渡过程的影响：①速度初始扰动 $\Delta V_{(t_0)} = \pm 0.1 V_r$；②分离方向初始扰动 $\Delta\theta_{(t_0)} = \pm 20^\circ$，分析线性化系统和滤波器过渡过程的变化。

（8）对于初始扰动 $\Delta\theta_{(t_0)} = \pm 10^\circ$、$\Delta V_{(t_0)} = 0.1\text{m/s}$，研究测量误差的标准差对过渡过程性能的影响。将标准差先增加两倍，再增加两倍，分析线性化系统和滤波器过渡过程的变化。

2. 如何提出空间系绳系统展开控制系统的最优动态滤波器计算问题？

3. 什么是线性动态滤波器？

4. 将动态滤波器引入控制系统的目的是什么？

5. 计算动态滤波器时的最优准则是什么？

6. 存在动态滤波器的控制系统结构主要模块的功用是什么？

7. 什么是高斯白噪声？

8. 在计算最优动态滤波器时，测量误差按照什么规律分布？

9. 矩阵 $\boldsymbol{P}$ 应该满足什么条件？

10. 什么是稳定的线性动态滤波器？

11. 如何形成动态滤波器的初始条件？

12. 空间系绳系统展开控制系统最优动态滤波器的数学模型的组成部分包括什么？

13. 测量采样周期是什么？为什么带有动态滤波器的控制系统在仿真时要采用定步长积分方法？

14. 在扰动作用下过渡过程有什么区别？

第 11 章　空间系绳系统展开的统计学仿真

11.1　引言

本章研究空间系绳系统展开的统计学仿真方法和数据的统计学处理方法。

统计学仿真用于检验控制器的工作性能。统计学仿真采用统计试验的方法，即多次计算所研究的过程并对感兴趣的量建立统计学评价体系。通过统计学仿真能够得到描述动力学系统大量典型轨迹的评价，进而确定空间系绳系统展开过程的整个组合。在进行统计学仿真时，需要评价空间系绳系统展开结束时的状态变量及其他特征量的数学期望（统计均值）和方差（描述展开过程的特征偏差），并建立这些量的柱形图。建立柱形图后要检验其是否符合正态分布。本章采用地心轨道运动坐标系下空间系绳系统平面运动的简单数学模型进行分析，这与统计计算的繁重性相关。在实践中，本章给出的统计学仿真方法可以用于任何更复杂的模型。本章数据的统计学处理针对两个展开控制律进行：展开到地垂线位置［见式（3.29）］和展开到偏离地垂线的位置［见式（4.18）］。

11.2　数学问题的提出

在求解统计学分析问题时，空间系绳系统的运动可以用如下非线性微分方程来描述：

$$\frac{\mathrm{d}\boldsymbol{x}}{\mathrm{d}t}=f(\boldsymbol{x},\boldsymbol{\lambda}) \tag{11.1}$$

式中，$\boldsymbol{x}$ 为系统状态变量向量；$\boldsymbol{\lambda}$ 为随机向量。随机向量包含系统运动的初始条件向量分量 $\boldsymbol{x}(t_0)=\boldsymbol{x}_0$。

在空间系绳系统展开时，系统运动的初始条件部分可能为随机量。分离过程与执行设备有关，而执行设备在工作时可能会带有一定误差，因此载荷从基星分离的速度和角度等是随机量。

式（11.1）在某一时刻 t 的解与随机向量 $\boldsymbol{\lambda}$ 有关，其解可表示为 $\boldsymbol{x}(t,\boldsymbol{\lambda})$。如果空间系绳系统展开结束时刻为 t_k，那么 $\boldsymbol{x}(t_k,\boldsymbol{\lambda})=\boldsymbol{x}(\boldsymbol{\lambda})$。因此，向量 $\boldsymbol{x}$ 在 t_k 时刻的每个分量都是随机向量 $\boldsymbol{\lambda}$ 的随机函数，空间系绳系统展开过程的任何特征 $X(\boldsymbol{x})$ 也可写为 $X(\boldsymbol{\lambda})$。

根据前文所述，统计学仿真过程可以分为以下步骤：①生成随机向量 $\boldsymbol{\lambda}$；②根据式（11.1）对空间系绳系统展开过程进行数值仿真；③对数据进行统计学处理。

统计学仿真内容：生成随机向量；多次仿真；对数据做出评价（判断其符合什么分布），评价指标为数学期望及方差。

11.3　生成随机量

在设置随机量时将采用两种分布规律：正态分布和均匀分布。

单元随机量ξ通常为在区间$R[0,1]$上均匀分布的随机量。如果随机向量$\boldsymbol{\lambda}$的第k个分量λ_k在区间$[\lambda_{k\min},\lambda_{k\max}]$上均匀分布，那么这个随机量可以利用单元随机量$\xi$，通过式（11.2）进行计算：

$$\lambda_k = \lambda_{k\min} + \xi(\lambda_{k\max} - \lambda_{k\min}) \tag{11.2}$$

为了生成正态随机变化项，采用近似变换：

$$\psi = \sum_{i=1}^{12}\xi_i - 6 \tag{11.3}$$

式中，ξ_i为单元随机量。

式（11.3）是根据中值定理得出的。这里随机量ψ的均值为零、方差为单位值，按正态分布，采用$N(0,1)$表示。为了产生数学期望$m_{\lambda k}$和方差$D_{\lambda k}$的随机量，使用式（11.4）进行变换：

$$\lambda_k = m_{\lambda k} + \sigma_{\lambda k}\psi \tag{11.4}$$

式中，$m_{\lambda k}$为给定初值；$\sigma_{\lambda k}=\sqrt{D_{\lambda k}}$，为标准差。标准差是不确定性的一种衡量指标，简而言之，它描述了一组数值相对于平均值的分散程度。标准差较小，说明大部分数值和其平均值之间的差异较小；反之，说明大部分数值和其平均值之间的差异较大。

式（11.4）可以描述系绳的闪射过程，主要涉及角度与速度两个参数。

若要通过对空间系绳系统展开过程进行数值仿真获得n个样本，则应该仿真n次随机向量$\boldsymbol{\lambda}$的分量，并对式（11.1）进行同样次数的积分。对于任意感兴趣的空间系绳系统展开过程特征量$X(\boldsymbol{\lambda}^{(j)})=X_j$，其中$j$=0, 1, 2, ⋯, n−1，所得样本是统计学数值仿真试验的结果。利用n个样本可以近似估计某个数学评价的误差。如果随机量X近似服从正态分布，那么数学期望评价的标准差$\sigma(\hat{m}_X)\approx\dfrac{\hat{\sigma}_X}{\sqrt{n}}$，其中$\hat{\sigma}_X$为随机量$X$标准差的估计，而随机量$X$标准差估计的标准差$\sigma(\hat{\sigma}_X)\approx\dfrac{\hat{\sigma}_X}{\sqrt{2n}}$。确定估计$\hat{m}_X$和$\hat{\sigma}_X$的公式将在后面给出。

控制力的分布：$F_c = F_0 + (1+\alpha_F)$，其中F_0为标称值，α_F为闪现分布。

所得n个样本的统计学处理步骤：①估计所有感兴趣的空间系绳系统展开过程特征量的数学期望和方差；②建立所得样本分布的柱形图；③检验所建立的柱形图是否符合正态分布；④估计相关系数并建立回归方程，确定空间系绳系统展开过程不同特征量之间的统计学关系。

数学期望和标准差的无偏估计为

$$\hat{m}_X = \frac{1}{n}\sum_{j=0}^{n-1}X_j \tag{11.5}$$

$$\hat{\sigma}_X = \sqrt{\frac{1}{n-1}\sum_{j=0}^{n-1}(X_j - \hat{m}_X)^2} \tag{11.6}$$

为了建立样本$X_1, X_2, \cdots, X_n$的柱形图，采用如下算法。

（1）按照数值的增大顺序排列样本。

（2）确定柱形图中的区间个数K。

（3）确定落入每个区间的点的个数。

（4）确定每个区间上的矩形高度。

（5）建立柱形图。

柱形图中的区间个数可以进行估计：

$$K = \text{tranc}[1 + 3.32\ln(n) + 1]$$

式中，函数 tranc 的作用是返回整数部分，去掉小数部分。

可以修正样本柱形图中的区间个数，以保证落入每个区间的点为 5～10 个。

为了建立柱形图，将点落入每个区间的频数除以区间长度，将得到的值作为矩形高度。

假设函数 $f(X)$是随机量 X 的概率密度，为此可以利用皮尔逊检验算出统计量：

$$\chi^2 = \sum_{i=1}^{K} \frac{(v_i - np_i)^2}{np_i} \tag{11.7}$$

式中，v_i 为落入柱形图第 i 个区间的点数；p_i 为根据概率密度 $f(X)$计算出的第 i 个区间上落入点的理论概率；n 为实验次数。

如果在每个区间上的点个数足够，那么统计量遵循具有 $\mu = K - 1$ 个自由度的 χ^2 分布。如果理论概率密度取决于 q 个未知的样本估计参数，那么自由度个数为 $K - q - 1$ 。

已知正态分布规律

$$f(X) = \frac{1}{\sqrt{2\pi}\sigma_X} \mathrm{e}^{-\frac{(X-m_X)^2}{2\sigma_X^2}} \tag{11.8}$$

由参数 m_X 和 σ_X 决定。因此，如果计算理论概率 p_i 时在皮尔逊检验中采用式（11.8）所示的概率密度，引入式（11.5）和式（11.6）所示的估计，那么自由度个数等于 $K - 3$ 。

对于 χ^2 分布绘制专门的表格，根据表格中给定的自由度个数 μ 和给定的概率 α（有效数值），可以获得 χ^2 检验的边界值 $\chi^2_{\mu,\alpha}$ 。如果当前有

$$\chi^2 < \chi^2_{\mu,\alpha} \tag{11.9}$$

那么正态分布假设与统计数据一致，并且可以认为与有效数值 α 是似真的。如果有

$$\chi^2 \geqslant \chi^2_{\mu,\alpha} \tag{11.10}$$

那么应该认为统计数据与统计量 X 的概率密度是 $f(X)$的假设不一致。根据这个准则，在这种情况下拒绝正确假设的概率为 α 。

为了使式（11.10）实际上不可能成立，令统计量 X 的概率密度是 $f(X)$的假设为真，α 选取很小的数值，对于工程问题，通常假设 $\alpha = 0.05$ 。边界值 $\chi^2_{\mu,\alpha}$ 根据统计表或标准程序确定。

空间系绳系统展开过程任意两个特征量 X 和 Y 的相关系数估计为

$$\hat{q}_{XY} = \frac{1}{n\hat{\sigma}_X\hat{\sigma}_Y} \sum_{j=0}^{n-1} (X_j - \hat{m}_X)(Y_j - \hat{m}_Y) \tag{11.11}$$

从起始点释放，落点在一个区间上，每次都有误差。对单次而言，若 $\hat{q}_{XY} = 0$ ，则找不出落点规律，随机量被称为不相关量，但是这些随机量不一定无关；若 $\hat{q}_{XY} = \pm 1$ ，则随机量 X 和 Y 成正比。

在确定相关系数时，随机量 X 和 Y 的样本不应该是筛选过的。随机量 X 和 Y 的相关性可以建立如下回归方程并表示成图形形式：

$$y(x) = \hat{m}_X + \hat{q}_{XY} \frac{\hat{\sigma}_X}{\hat{\sigma}_Y} (x - \hat{m}_X) \tag{11.12}$$

如果 $\hat{q}_{XY} = \pm 1$ ，那么在平面 xOy 上的所有点 (X_j, Y_j) 严格在一条直线上。如果随机量 X 和 Y 的相关系数近似为零，那么点 (X_j, Y_j) 相对于直线的散布是很大的。

统计学仿真程序如下。

最优控制器计算程序 Work11.xmcd 由以下几部分组成。

（1）设置根据模型进行计算的原始数据、输入随机量分布规律和分布规律参数。

（2）获得空间系绳系统展开过程特征量的样本。

（3）进行数据的统计学处理。

程序 Work11.xmcd 中采用了两种输入随机量分布规律：正态分布和均匀分布。为了生成符合这两种分布的输入样本，采用式（11.2）和式（11.4）。输入随机向量 $\boldsymbol{\lambda}$ 有如下形式：

$$\boldsymbol{\lambda} = (\theta_0, \omega_0, L_0, V_0, K_T)^T \tag{11.13}$$

式中，θ_0、ω_0、L_0、V_0 为式（2.24）积分的初始条件；K_T 为确定在式（3.29）和式（4.18）所示的空间系绳系统标称展开控制律下散布的系数，有

$$T = T_{nom}(1 + K_T) \tag{11.14}$$

式中，T_{nom} 为根据式（3.29）和式（4.18）确定的展开机构标称力值；K_T 为张力的闪射系数。

本章将式（2.24）的状态变量终值 $\theta(t_k)$、$\omega(t_k)$、$L(t_k)$、$V(t_k)$ 和载荷的直角坐标终值 $x(t_k) = L(t_k)\cos\theta(t_k)$、$y(t_k) = L(t_k)\sin\theta(t_k)$ 作为展开过程的特征量。

为了获得在输入随机向量［见式（11.13）］下的上述输出量样本，对式（2.24）进行 n 次积分。这时对积分程序 integr4 进行如下改进：①将程序的积分变量向量作为输出量数组 Z；②积分程序 integr4 的参数向量包含补充参数 K_T。

所得样本分别存到数组 X_θ、X_ω、X_L、X_V、X_x、X_y 中。在进行统计学处理时，数组 X_L 在程序中应该进行赋值操作，即 $X := X_L$，其中 X 为进行统计学处理的数组。

程序 Work11.xmcd 可以在两种展开模式下进行统计学仿真：①根据式（3.29）所示的展开到垂直位置的控制律进行展开的模式；②根据式（3.29）和式（4.18）所示的两种展开控制律进行展开的模式，这两种展开控制律串联组合成一个控制律。为了实现这两种模式的统计学仿真，必须正确地给出展开终止时间（标识符为 t_k）。在第一种展开模式下，设置赋值操作为 $t_k := t_{k1}$，其中 t_{k1} 为根据式（3.29）算得的展开时间。在第二种展开模式下，设置赋值操作为 $t_k := t_{k1} + t_{k2}$，其中 t_{k2} 为根据式（4.18）算得的展开时间。

存到数组 X 中的样本的统计学处理步骤：①建立柱形图；②确定数学期望和标准差的估计；③验证正态分布的假设；④确定输出特征量之间的相关系数和回归方程。

在建立柱形图时必须注意，在柱形图的每个区间上应有 5～10 个点。同时，应该尽量减少区间个数 K。边界值 $\chi^2_{\mu,\alpha}$ 可以根据软件中的标准程序得到，程序的形式为 $\text{qchisq}(1-\alpha,\mu)$。在建立回归方程时，应将随机点 (X_j, Y_j) 画到图上，通过改变图的区域来使回归方程穿过这些点集。

11.4 统计学仿真及数据处理示例

本节示例针对式（3.29）所示的展开到垂直位置的控制律进行统计学仿真，所有输入量均为正态分布随机量。

标称程序的原始数据与其他原始数据和第 3 章练习题 1 中的原始数据完全一样，系绳长度 $L_k = 3\text{km}$，额外补充的原始数据是式（11.13）分量的数学期望和标准（均方）差。

式（11.13）分量的数学期望和标准（均方）差取如下值：$m_{\theta_0} = m_{\omega_0} = m_{K_T} = 0$，$m_{L_0} = 1\text{m}$，

$m_{V_0}=2.5\text{m/s}$，$\sigma_{\theta_0}=5^\circ$，$\sigma_{\omega_0}=0.001\text{s}^{-1}$，$\sigma_{L_0}=0.1\text{m}$，$\sigma_{V_0}=0.05\text{m/s}$，$\sigma_{K_T}=0.01$。样本量$n=500$。

空间系绳系统展开结束时的系绳长度分布柱形图如图 11.1 所示。图 11.1 中的曲线为正态分布理论曲线，数学期望和标准差的估计分别为 $\hat{m}_L=2999.86\text{m}$，$\hat{\sigma}_L=54.81\text{m}$；估计的标准差分别为 $\hat{\sigma}(\hat{m}_L)=2.45\text{m}$，$\hat{\sigma}(\hat{\sigma}_L)=1.73\text{m}$；皮尔逊统计量 $\chi^2=6.25$；柱形图区间个数 $K=8$，自由度个数 $\mu=5$；有效数值 $\alpha=0.05$ 时的边界值 $\chi^2_{\mu,\alpha}=11.07$。因此，$\chi^2<\chi^2_{\mu,\alpha}$ 且正态分布假设与统计数据一致，可以认为与有效数值 $\alpha=0.05$ 是似真的。

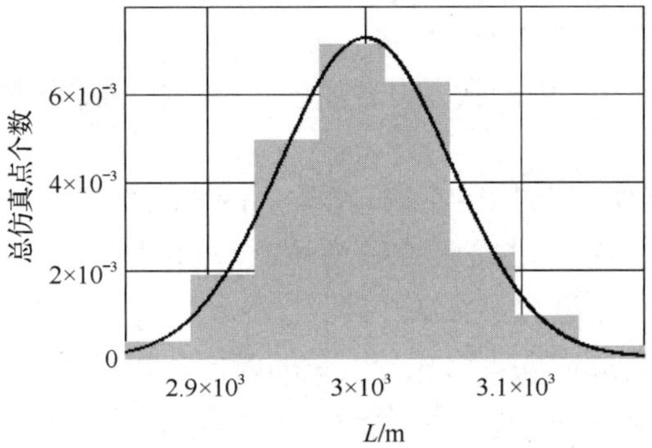

图 11.1　空间系绳系统展开结束时的系绳长度分布柱形图

坐标 $x(t_k)$ 和 $y(t_k)$ 的相关系数估计 $\hat{q}_{xy}=-0.907$，在这种情况下，点集和回归方程的曲线图如图 11.2 所示。

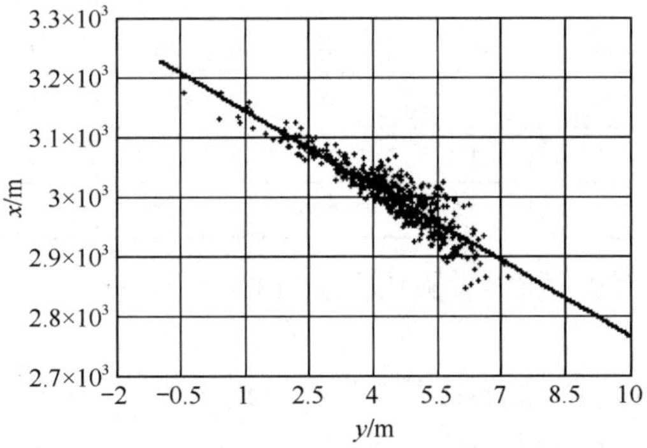

图 11.2　点集和回归方程的曲线图

从图 11.2 中可以看出，系绳长度落点分布较好，服从正态分布，在 3km 处落点最多，概率最大。

由图 11.2 可知，落点回归方程［见式（11.12）］与所得点集或样本是相符的。但有一个有趣的现象，即理论上应在坐标为(0, 3000)处落点最多，而事实上点的分布却偏向一个方向，造成这种现象的原因可能是科里奥利力的作用使同向偏离较远。

11.5　小结

本章主要研究了空间系绳系统展开的统计学仿真方法和数据的统计学处理方法，并给出了所研究动态系统的概率特征评估。

练习题

1. 本章使用程序 Work11.xmcd，原始数据与第 3 章和第 4 章中所用的原始数据完全一样。先根据式（3.29）所示的展开控制律将系绳展开到长度 $L_k = 3\text{km}$，展开控制律的参数为第 2 章练习题 1 中所选参数。然后将式（3.29）和式（4.18）所示的展开控制律组合，系绳展开的长度设置为第 3 章和第 4 章中所设置的系绳长度之和。式（4.18）所示的展开控制律的参数根据求解第 4 章的边值问题获得。完成如下任务。

（1）根据第 10 章练习题 1 中的数据设置原始数据：控制律参数、轨道高度、分离速度、子星质量。

（2）计算标称关系曲线，检验程序运行结果。设置随机量的数学期望（它们应该符合标称程序），令随机量标准差为零。对式（3.29）所示的控制律（$t_k := t_{k1}$）及式（3.29）和式（4.18）所示的控制律（$t_k := t_{k1} + t_{k2}$）进行一次展开计算，令 $n = 1$。这些计算结果应该与第 10 章练习题 1 中得到的结果一致，为此需要观察积分变量的终值，如对于上面针对式（3.29）所示的控制律所研究的示例，有［$\theta_k = 0$，$\omega_k = 0$，$V_k = 0$，$L = L_k$］。

（3）根据表 11.1 设置随机向量 $\boldsymbol{\lambda}$ 所包含的 5 个随机量的标准差。

表 11.1　参数表

序号	1	2	3	4	5	6	7	8
σ_{θ_0}/(°)	7	10	5	3	2	6	3.5	4.6
σ_{ω_0}/s^{-1}	0.01	0.001	0.001	0.1	0.01	0.2	0.3	0.1
σ_{L_0}/m	0.2	0.1	0.05	0.1	0.3	0.3	0.06	0.2
σ_{V_0}/(m/s)	0.01	0.03	0.1	0.05	0.1	0.01	0.2	0.1
σ_{K_T}	0.1	0.01	0.01	0.02	0.15	0.1	0.05	0.1

（4）设置样本量 $n = 500$，随机量服从正态分布，令 $t_k := t_{k1}$，对式（3.29）所示的展开控制律进行统计计算。

（5）根据上面的示例进行完整的数据统计学处理。

（6）设置样本量 $n = 500$，随机量为正态分布，令 $t_k := t_{k1} + t_{k2}$，对式（3.29）和式（4.18）所示的展开控制律组合在一起的情况进行统计计算。

（7）根据 11.4 节的示例，针对所有展开过程输出特征量 $\theta(t_k)$、$\omega(t_k)$、$L(t_k)$、$V(t_k)$、$x(t_k)$、$y(t_k)$，对组合控制律的情况进行完整的数据统计学处理。

（8）针对后一种情况，获取两对随机输出量$[\theta(t_k),\omega(t_k)]$与$[L(t_k),V(t_k)]$的相关系数和回归方程，绘制与图 11.2 类似的图形。

（9）根据条件$\lambda_k \in [m_{\lambda k} - 3\sigma_{\lambda k}, m_{\lambda k} + 3\sigma_{\lambda k}]$设置均匀分布随机量的变化区间，针对均匀分布随机量对式（3.29）和式（4.18）所示的展开控制律组合在一起的情况进行统计试验及数据统计学处理。

（10）针对正态分布的每个随机量对式（3.29）和式（4.18）所示的展开控制律组合在一起的情况单独进行统计试验及数据统计学处理。

（11）利用统计试验结果检验完整的输出随机量方差是否近似等于根据每个随机量单独确

定的方差之和。

2. 什么是统计学试验？它的基本步骤是什么？
3. 如何生成均匀分布和正态分布的随机量？
4. 如何确定数学期望的统计学估计？如何估计它的误差？
5. 如何确定标准差的统计学估计？如何估计它的误差？
6. 本章中的输入随机向量包含哪些量？
7. 本章中的空间系绳系统展开过程特征向量包含哪些量？
8. 数据的统计学处理步骤包含什么？
9. 什么是柱形图？如何建立柱形图？
10. 什么是相关系数？如何估计相关系数？它可以在什么范围内变化？
11. 随机量的相关度由什么确定？什么是不相关随机量？
12. 如何建立回归方程？它用于确定什么？
13. 如何检验柱形图与分布律的假设？
14. 什么是皮尔逊检验中的自由度个数？
15. 什么是有效数值？它用于确定什么？

参 考 文 献

[1] COSMO M L，LORENZINI E C. Tethers in space handbook[R]. Cambridge：Smithsonian Astrophysical Observatory，1997：1-186.

[2] TSIOLKOVSKY K E. The Way to the Stars[M]. Moscow：Publishing House of the USSR Academy of Sciences，1961.

[3] POLI C R，HANAVAN E P. A three-Mass retrieval study for the gemini tethered astronaut[J]. Journal of the Astronautical Sciences，1965，13（2）：61-71.

[4] WINNINGHAM J D，STONE N H，GURGIOLO C A，et al. Suprathermal electrons observed on the TSS-1R satellite[J]. Geophysical Research Letters，1998，25（4）：429-432.

[5] 王长青，李爱军. 空间系绳系统动力学建模与控制[M]. 西安：西北工业大学出版社，2017.

[6] MODI V J，MISRA A K. On the deployment dynamics of tether connected two-body systems[J]. Acta Astronautica，1979，6（9）：1183-1197.

[7] SANMARTIN J R，LORENZINI E C，MARTINEZ-SANCHEZ M. Electrodynamic tether applications and constraints[J]. Journal of Spacecraft and Rockets，2010，47（3）：442-456.

[8] YASAKA T，HATSUDA T. Geostationary tether satellite system and its application to communication systems[J]. IEEE Transactions on Aerospace and Electronic Systems，1988，24（1）：68-75.

[9] van der HEIDE E J，KRUIJFF M. Tethers and debris mitigation[J]. Acta Astronautica，2001，48（5-12）：503-516.

[10] AHEDO E，SANMARTIN J. Analysis of electrodynamic tethers as deorbiting systems[C]. 36th AIAA/ASME/SAE/ASEE Joint Propulsion Conference and Exhibit，2000.

[11] 朱仁璋. 在回收容器再入中应用的空间系绳伸展长度的估计[J]. 中国空间科学技术，1990，10（4）：44-48.

[12] 朱仁璋. 绳系卫星系统的运动与控制[J]. 宇航学报，1991，28（4）：32-42.

[13] 崔乃刚，刘暾，林晓辉，等. 基于椭圆轨道的绳系卫星伸展及释放过程仿真研究[J]. 哈尔滨工业大学学报，1996，28（4）：117-122.

[14] 于绍华，刘强. 含无质量系绳的卫星系统平面运动和常规动力学[J]. 空间科学学报，2001，21（2）：172-180.

[15] ASLANOV V S，LEDKOV A S. 绳系卫星系统动力学[M]. 曹喜滨，张锦绣，译. 北京：国防工业出版社，2015.

[16] PRADEEP S，KUMAR K. Extension of tethered satellites in the atmosphere[J]. Acta Astronautica，2003，52（1）：1-10.

[17] 余本嵩，文浩，金栋平. 绳系卫星编队动力学及控制研究进展[J]. 动力学与控制学报，2015，13（5）：321-328.

[18] CHO H，YU A. New approach to satellite formation-keeping：exact solution to the full

nonlinear problem[J]. Journal of Aerospace Engineering，2009，22（4）：445-455.

[19] AVANZINI G，FEDI M. Refined dynamical analysis of multi-tethered satellite formations[J]. Acta Astronautica，2013，84：36-48.

[20] CORRÊA A A，GÓMez G. Equilibrium configurations of a four-body tethered system[J]. Journal of Guidance，Control，and Dynamics，2006，29（6）：1430-1435.

[21] SALAZAR F J T，PARADO A F B A. Suppression of chaotic motion of tethered satellite system using tether length control[J]. Journal of Guidance，Control，and Dynamics，2022，45（3）：580-586.

[22] YU S H. Dynamic model and control of mass-distributed tether satellite system [J]. Journal of Spacecraft and Rockets，2002，39（2）：213-218.

[23] KANG J J，ZHU Z H. A unified energy-based control framework for tethered spacecraft deployment [J]. Nonlinear Dynamics，2019，95：1117-1131.

[24] LIU C G，CHEN S M，GUO Y，et al. Robust adaptive control for rotational deployment of an underactuated tethered satellite system [J]. Acta Astronautica，2023，203：65-77.

[25] ZHAI G，BI X Z，LIANG B. Optimal deployment of spin-stabilized tethered formations with continuous thrusters [J]. Nonlinear Dynamics，2019，95：2143-2162.

[26] KESHTKAR S，POZNYAK A，KESHTKAR N. Magnetic control of tethered cube-satellite stabilized by rotating[C]. 2014 11th International Conference on Electrical Engineering，Computing Science and Automatic Control，2014.

[27] TIKHONOV A. A Control Method for Angular Stabilization of an Electrodynamic Tether System[J]. Automation and Remote Control，2020，81（2）：269-286.

[28] 齐乃明，张文辉，高九州，等. 空间微重力环境地面模拟试验方法综述[J]. 航天控制，2011，29（3）：95-100.

[29] 陈辉，文浩，金栋平，等. 绳系卫星在轨试验及地面物理仿真进展[J]. 力学进展，2013，43（1）：174-184.

[30] 文浩，金栋平，胡海岩. 绳系卫星收放控制地面实验研究[J]. 振动工程学报，2010，23（1）：7-11.

[31] MANTELLATO R，LORENZINI E，STERNBERG D，et al. Simulation of a tethered microgravity robot pair and validation on a planar air bearing[J]. Acta Astronautica，2016，138：579-589.

[32] HOVELL K，ULRICH S. Postcapture Dynamics and Experimental Validation of Subtethered Space Debris[J]. Journal of Guidance Control & Dynamics，2017，41（2）：1-7.

[33] KOJIMA H，FUKUKAWA Y，TRIVAILO P. Experimental Verification of Periodic Libration of Tethered Satellite System in Elliptic Orbit[J]. Diabetes，1971，93（4）：1-20.

[34] SCHULTZ F，VIGNERON F，JABLONSKI A. Horizontally-Configured Ground-Test Method for Tethered Satellites[J]. South African Journal of Education，2002，48（1）：97-106.

[35] PENSON J. Hypervelocity Impact Studies on Space Tethers[C]. International Astronautical Congress of the International Astronautical Federation，the International Academy of Astronautics，and the International Institute of Space Law，2013.

[36] NOHMI M，YOSHIDA S. Experimental Analysis for Attitude Control of a Tethered Space

Robot under Microgravity[C]. International Astronautical Congress of the International Astronautical Federation，2006.

[37] 屈斌，王启，王海平，等. 失重飞机飞行方法研究[J]. 飞行力学，2007，25（2）：65-67.

[38] 刘暾，赵钧. 空间飞行器动力学[M]. 哈尔滨：哈尔滨工业大学出版社，2003.

[39] 哈尔滨工业大学理论力学教研室. 理论力学[M]. 8 版. 北京：高等教育出版社，2016.

[40] 赵育善，师鹏. 航天器飞行动力学建模理论与方法[M]. 北京：北京航空航天大学出版社，2012.

[41] 师义民，徐伟，秦超英，等. 数理统计[M]. 4 版. 北京：科学出版社，2015.

[42] 康俊杰. 带大气探测器的系绳系统的展开控制[D]. 西安：西北工业大学，2014.

[43] 扎波罗特诺夫・尤里. 空间系绳系统运动动力学与控制导论[M]. 王长青，译. 北京：科学出版社，2013.

[44] 王晓光，林麒，郑亚青. 风洞试验绳牵引并联支撑技术研究进展[J]. 航空学报，2018，39（10）：6-25.

[45] 于博，王仲远，乔彩霞，等. 空间电动力绳系电流峰值点变化规律研究[J]. 推进技术，2020，41（2）：469.

[46] 高怀旭，张晓敏，徐瑞. 空间超长波天线绳系系统动力学建模与分析[J]. 航天控制，2022，40（4）：84-90.

[47] 余本嵩. 复杂太空环境下柔性绳系卫星动力学与控制[D]. 南京：南京航空航天大学，2011.

[48] 邓宗全，宋兴国，高海波，等. 系绳式小行星探测附着方案设想[C]//中国宇航学会深空探测技术专业委员会第九届学术年会论文集（下册）. 2012.

[49] 王颖，朱安文，刘飞标，等. 超远深空探测任务的能源动力方案[J]. 深空探测学报（中英文），2020，7（2）：213-220.

[50] 林来兴，张小琳. 纳型卫星编队飞行技术现状及发展趋势[J]. 航天器工程，2017，26（5）：65-73.

[51] 齐乃明，阳勇，黄盘兴，等. 结构偏差对二维连续地月载荷转移系统动力学影响[J]. 北京航空航天大学学报，2015，41（11）：2000-2009.

[52] 王优. 行星际轨道机动中人工重力绳系航天器姿态动力学与控制[D]. 哈尔滨：哈尔滨工业大学，2019.

反侵权盗版声明

举报电话：（010）88254396；（010）88258888
传　　真：（010）88254397
E-mail：　dbqq@phei.com.cn
通信地址：北京市海淀区万寿路 173 信箱
　　　　　电子工业出版社总编办公室
邮　　编：100036